BIBLIOTHÈQUE DU CULTIVATEUR

PUBLIÉE

AVEC LE CONCOURS DU MINISTRE DE L'AGRICULTURE

CHOIX DES VACHES LAITIÈRES

OU

Description des signes à l'aide desquels on peut apprécier les qualités lactifères des vaches

PAR H. MAGNE

Professeur d'Agriculture et d'Hygiène à l'École vétérinaire d'Alfort

DEUXIÈME ÉDITION

PARIS

LIBRAIRIE AGRICOLE DE LA MAISON RUSTIQUE

26, RUE JACOB, 26

1857

BIBLIOTHÈQUE DU CULTIVATEUR

PUBLIÉE AVEC LE CONCOURS

DU MINISTRE DE L'AGRICULTURE

CHOIX

DES

VACHES LAITIÈRES

IMPRIMERIE DE W. REMQUET ET Cie,
rue Garancière, 5, derrière Saint-Sulpice.

BIBLIOTHÊQUE DU CULTIVATEUR
PUBLIÉE AVEC LE CONCOURS
DU MINISTRE DE L'AGRICULTURE

CHOIX
DES
VACHES LAITIÈRES
OU
DESCRIPTION DES SIGNES
à l'aide desquels on peut apprécier les qualités lactifères des vaches

Par H. MAGNE
Professeur d'agriculture et d'hygiène à l'École vétérinaire d'Alfort.

SECONDE ÉDITION

PARIS
LIBRAIRIE AGRICOLE DE LA MAISON RUSTIQUE
Rue Jacob, n° 26.

INTRODUCTION.

La nécessité de bien choisir les animaux domestiques ne se fait peut-être jamais aussi bien sentir que pour les vaches laitières : une bonne vache qui consomme, en *nourriture appropriée*, l'équivalent de quatorze ou quinze kilogrammes de foin peut donner quinze, dix-huit litres de lait pendant quinze, seize mois ; et même vingt, vingt-cinq litres après son vêlage ; tandis qu'une mauvaise en fournit à peine, avec la même quantité d'aliments et les mêmes soins, six ou huit litres, qu'elle perd très-peu de temps après le sevrage de son veau.

Cette question, dont on a surtout compris toute l'importance depuis que l'agronomie moderne a fait sentir le besoin d'introduire une comptabilité un peu rigoureuse dans les exploitations rurales, n'avait jamais attiré l'attention comme elle le fait depuis que M. Guenon a avancé et soutenu qu'on pouvait, avec facilité, apprécier *exactement* les qualités des vaches quant à la quantité, à la qualité du lait qu'elles peuvent donner, et à la durée de cette production.

Lorsqu'on connaît la difficulté que présente le choix des vaches, on comprend l'effet qu'a dû produire un livre qui, d'après l'auteur, établit « une méthode naturelle au moyen de laquelle on peut facilement reconnaître et classer les diverses espèces de vaches laitières selon : 1° la quantité de lait qu'elles peuvent donner par jour; 2° le temps plus ou moins prolongé qu'elles tiennent leur lait; 3° la qualité de leur lait. »

Sans examiner ici s'il est possible que l'écusson — plaque de poil remontant, qui recouvre le pis et le périnée de la plupart des vaches — fournisse les indications positives énoncées dans le passage que nous venons de transcrire, disons que, même après l'ouvrage de M. Guenon, un livre sur le choix des vaches laitières peut être utile pour donner la description des écussons d'une manière plus complète qu'on ne l'a fait jusqu'à ce jour. Nous savons, par notre expérience et par celle de plusieurs personnes qui se sont adressées à nous pour avoir des explications, combien il est difficile d'apprécier les écussons d'après ce qu'en disent les auteurs qui les ont pris pour base de leur système.

Nous avons cru que nous pouvions encore être utile en donnant une nouvelle appréciation des signes divers à l'aide desquels on a de tout temps reconnu les bonnes vaches laitières. L'écusson ne saurait suffire pour choisir avec certitude : les erreurs nombreuses et considérables que commettent ceux qui veulent le prendre pour guide unique — nous n'en exceptons pas les maîtres — démontrent suffisamment la nécessité d'avoir égard, pour le choix des vaches, à tous les signes connus.

A un autre point de vue, il nous a semblé aussi qu'une instruction simple sur le choix des vaches laitières pouvait rendre des services aux cultivateurs.

En suivant le système des écussons, on avait d'abord établi huit classes de vaches ; on avait divisé chaque classe en trois sections, et chaque section en trois ordres ; après avoir été instruit par l'expérience, on a reconnu que les caractères des classes basées sur l'écusson ne sont pas tranchés, qu'ils se confondent souvent, et forment des classes intermédiaires; et on a établi depuis de nouvelles classes. Ainsi le système des écussons comprend aujourd'hui une vingtaine de classes, et quatre cent quatre-vingts ordres, chacun de ces quatre cent quatre-vingts ordres étant censé avoir une quantité fixe de lait, et la conserver pendant un temps déterminé ! et si nous disons que les vaches bâtardes, c'est-à-dire celles qui ne gardent pas longtemps le lait, ne sont pas comprises dans ce nombre, et que les quatre cent quatre-vingts ordres peuvent avoir des bâtardes à plusieurs degrés, on comprendra que ce système, fût-il irréprochable en principe, doit être d'une application extrêmement difficile, impossible même, pour les personnes qui manquent de temps ou de mémoire pour l'étudier et le retenir.

Cette complication excessive nous a frappé depuis longtemps, et nous avons plusieurs fois conseillé à M. Guenon de simplifier son système : il a cru au contraire qu'il devait augmenter le nombre de ses classes.

Et, cependant, combien de cultivateurs n'ont tiré aucun avantage de la découverte de M. Guenon, parce qu'ils ont trouvé le système trop compliqué, combien croient qu'elle est d'une application impossible pour les hommes qui ne peuvent pas faire une étude approfondie des classes et des ordres!

Ainsi, c'est pour bien décrire ce qu'on appelle épis, écussons; pour apprécier tous les signes connus des bonnes vaches laitières et pour mettre des règles d'une application facile à la portée de ceux qui, faute de temps ou de mémoire, ne peuvent pas se servir d'une classification compliquée, que nous publions les pages suivantes.

Après cette déclaration, il serait superflu d'ajouter que cet écrit ne saurait satisfaire ceux qui croient qu'on peut savoir *exactement*, en choisissant une vache, si elle donnera dix ou onze litres de lait, si elle le gardera sept mois et demi ou sept mois. Non-seulement nous ne donnons pas des indications aussi positives, mais nous croyons qu'il n'est pas possible de les donner. Nous nous proposons donc simplement d'exposer les signes connus à l'aide desquels on peut, aussi exactement que possible, reconnaître si une vache est très-bonne, si elle est bonne, médiocre ou mauvaise.

Nous n'avons rien à ajouter à cet avertissement de notre première édition. L'accueil fait à notre livre en France et à l'étranger nous prouve que notre opinion a eu de l'écho, et que la manière dont nous l'avons exposée a été utile aux cultivateurs.

Nous avons revu divers passages de ce livre pour le mettre en rapport avec les travaux qui ont été faits sur les vaches laitières depuis 1850 et avec le résultat de nos propres observations.

D'après le conseil de quelques amis, nous y avons ajouté un chapitre sur la nourriture des vaches laitières, et un sur l'âge des bêtes à cornes.

CHOIX

DES VACHES LAITIÈRES.

Signes qui font connaître les qualités lactifères des vaches.

Aucun signe particulier ne peut, seul, faire connaître les qualités lactifères des vaches : pour choisir une laitière, il faut avoir égard à toutes les données qui peuvent permettre d'apprécier la constitution des vaches, leur tempérament et la force relative de leurs divers appareils ; car, si la fonction des mamelles est subordonnée au volume et à l'activité des glandes qui l'exécutent, elle dépend aussi beaucoup de l'état général du corps, et, en particulier, des organes digestifs, de l'appareil respiratoire, du système nerveux, etc.

Nous examinerons successivement, au point de vue de la production du lait, les signes généraux :

La race et la généalogie;

Les appareils digestif et respiratoire ;

La conformation, la physionomie, le tempérament;

Les conditions auxquelles les vaches ont été soumises, le nombre de veaux qu'elles ont faits, et les maladies dont elles ont été affectées.

Nous parlerons ensuite des signes locaux fournis par

Les mamelles,

Les écussons,

Les veines du pis, du ventre et du périnée.

CHAPITRE PREMIER.

Signes généraux.

Nous étudierons, dans ce chapitre, les signes fournis par l'état général des sujets, par les appareils et les fonctions qui n'ont que des rapports indirects avec les mamelles.

§ I. — Race, généalogie.

1° *Race.* Les bonnes laitières sont rares dans quelques races et très-communes dans d'autres. Il ne saurait en être autrement. Les qualités lactifères, dépendant des conditions qui déterminent la formation des races, tiennent, en partie, au climat, au sol, à l'air, aux plantes des contrées où les races ont pris naissance; elles doivent donc varier, dans nos différentes races de bêtes à cornes, selon les conditions hygiéniques propres à chaque localité.

C'est toujours parmi les races renommées par l'abondance du lait qu'il faut prendre les laitières et surtout les reproducteurs, pour en produire. Sans doute on ne doit pas espérer d'importer, avec toutes leurs qualités, dans nos départements à climat sec et chaud, les excellentes races laitières que possèdent les contrées où le sol est fertile, l'air humide et le ciel souvent couvert; mais comme les influences du climat, quoique très-marquées, n'agissent qu'à la longue, les qualités des animaux importés se maintiennent, en s'affaiblissant, il est vrai, pendant un temps qui varie selon les précautions que l'on prend pour les conserver; et, pendant plusieurs générations, les descendants des individus d'une bonne race importée donnent plus de lait que les individus provenant d'une race créée dans le lieu même où les circonstances hygiéniques ne sont pas favorables à la lactation.

Il ne faut pas oublier, en outre, que, sous l'influence de circonstances particulières, qu'il est quelquefois impossible de provoquer, il se manifeste, chez les animaux, des caractères que nous ne saurions produire à volonté, surtout quand il s'agit de créer de ces aptitudes qui tiennent, en quelque sorte, à des qualités spéciales, comme celle de transformer plutôt la nourriture en lait qu'en graisse. Cela nous explique pourquoi il y a si souvent plus d'avantage à importer des qualités que possèdent les animaux étrangers, que de chercher à les développer sur les animaux indigènes.

Nous nous bornons à dire que les races bonnes laitières se distinguent par une peau souple et moelleuse; par des tissus plutôt mous que fermes; qu'elles ont peu de rusticité et d'aptitude à supporter les fatigues; qu'elles sont difficilement entretenues en état de graisse; qu'elles ont le train postérieur ample, mais peu pourvu de chairs.

Parmi les races bien connues en France par leurs qualités laitières nous citerons les suivantes:

La race hollandaise, la race flamande et — quoique à un moindre degré — la race artésienne, qui sont importées jusque dans les environs de Paris;

La race normande, la cotentine, qui sont importées vers le centre et vers l'est;

La race bretonne, aussi remarquable par l'abondance de son beurre que par la quantité de son lait, relativement au fourrage qu'elle consomme, car elle est de très-petite taille: elle fournit des vaches laitières à tout le sud-ouest de la France;

La race suisse de Schwitz, fort répandue aujourd'hui dans les départements de l'Ain, de l'Isère et du Rhône; la race bressane, qui est également introduite dans le Midi, et, vers le centre, jusque dans le département de la Nièvre.

On trouve dans la race de Fribourg, si connue, surtout dans l'est de la France, quelques vaches qui donnent de grandes quantités de lait; mais, comme ces vaches mangent beaucoup, leur produit est rarement en rapport avec leur consommation.

Nous trouvons, en outre, dans quelques autres races françaises, des variétés qui jouissent, dans les provinces où on les connaît le mieux, d'une certaine réputation comme bonnes laitières. Nous citerons les vaches d'Auvergne, parmi lesquelles nous avons vu d'excellentes laitières, et qui forment, dans les environs de Salers, des vacheries remarquables par la quantité de leurs produits; les vaches de St-Girons élevées dans l'Ariége et la Haute-Garonne, les vaches de Lourdes qui viennent des herbages fertiles et arrosés des Hautes-Pyrénées, et qui sont connues dans les départements du midi et du sud-est; les vaches des Alpes et de la Savoie qui fournissent du lait à Toulon, à Marseille, à Avignon; la race femeline de la Franche-Comté, la race issue suisse des montagnes du Doubs, considérées comme bonnes laitières, et importées plutôt vers le nord que vers le midi; enfin quelques races ou variétés qu'on trouve dans les Vosges, en Alsace, et qui résultent ou d'anciennes races du pays, ou de races formées par les croisements des races sus-désignées.

Plusieurs races anglaises, celle de Glamorgan, celle du Kerry, la race sans cornes de Suffolk, sont remarquables par leurs qualités laitières. Une petite race écossaise, la race d'Ayr, jouit aussi d'une grande réputation pour l'abondance, sinon pour la qualité de son lait. Elle est cependant moins recherchée dans les vacheries de Londres et d'Édimbourg à cause de sa petite taille. Elle a une très-grande ressemblance avec celle de Jersey, d'Alderney, qui elle-même a beaucoup d'analogie avec notre race bretonne, et pourrait bien en descendre. La race Durham présente aussi quelques vaches qui sont loin d'être mauvaises laitières; mais, en général, elles ont une grande tendance à prendre la graisse; elles s'engraissent, et tarissent peu de temps après la mise bas.

2° *Généalogie*. Les qualités lactifères étant subordonnées, en grande partie, à la conformation et au tempérament qui se transmettent par la génération, la généalogie doit être prise en considération dans le choix des vaches laitières.

Dans chaque race, on choisira donc des individus appartenant aux meilleures familles, provenant de parents remarquables par leurs qualités lactifères; car il est constant que les vaches bonnes laitières donnent naissance à des produits qui leur ressemblent.

Autant que possible, on recherchera aussi

des vaches engendrées par des taureaux issus de bonnes vaches, et plutôt jeunes que vieux, quelle que soit la race à laquelle ils appartiennent.

§ II. — Organes de la digestion et de la respiration.

1° *Organes de la digestion.* Ces organes influent puissamment sur l'exercice de toutes les fonctions, et particulièrement sur la sécrétion des mamelles. Sans une bonne constitution des organes digestifs, il y a bien rarement de bonnes vaches à lait.

On reconnaît que l'appareil de la digestion est en bon état, aux caractères suivants:

Abdomen à parois souples, peu tendues, médiocrement développé : dans les bêtes âgées, le ventre est souvent fort volumineux, quoique les organes qu'il renferme fonctionnent bien.

Cette conformation est produite par la gestation et par la nourriture volumineuse et médiocre que consomment les vaches laitières. Quoique générale, il ne faut pas la considérer comme un signe de l'activité des mamelles : elle en est la conséquence.

Appétit actif, digestion facile et prompte :

les vaches bonnes pour le lait sont peu difficiles sur la nourriture; elles sont goulues. La digestion se fait rapidement et l'absorption intestinale est active. Les principes absorbés alimentent la sécrétion des mamelles, et produisent peu de graisse. Les excréments sont moins fertilisants que ceux des bêtes à l'engrais.

Bouche large; lèvres épaisses;

Poil luisant, peau souple et moelleuse.

Avec ces dispositions anatomiques et physiologiques, les bêtes mangent bien, boivent beaucoup, et, si elles sont convenablement nourries et qu'elles ne travaillent pas en excès, elles font beaucoup de sang et donnent de grandes quantités de lait.

2° *Organes de la respiration.* Les organes respiratoires forment le complément de l'appareil de la nutriton. Le poumon a pour but de mettre le produit fourni par la nourriture en rapport avec l'air, de le rendre susceptible de nourrir et de fournir aux sécrétions. Il digère l'air comme l'estomac digère les aliments. La bonne conformation et l'intégrité des viscères pectoraux sont donc nécessaires aussi à la production de beaucoup de lait.

On reconnaît qu'ils remplissent bien leurs fonctions quand ils sont amples et logés dans une cavité spacieuse; c'est-à-dire quand le poitrail est large, saillant, et qu'il descend bas;

Quand les côtes sont longues, arquées sur toute leur longueur, et notamment à l'extrémité supérieure;

Quand le garrot est épais; que la poitrine est bombée en arrière de l'épaule et du coude;

Quand la colonne dorso-lombaire est longue, droite, horizontale, non ensellée, et que les lombes sont larges;

Quand les naseaux sont grands, dilatés, bien ouverts; quand les inspirations se font sans précipitation, et que les expirations rejettent de la poitrine de grandes bouffées d'air.

Les mouvements du flanc sont aisés, faciles et étendus dans les bêtes qui respirent bien.

Il ne faut pas oublier que la présence de quatre estomacs augmente le volume du ventre dans les ruminants; que les gestations et le régime auquel on soumet les vaches laitières — aliments médiocres et abondants — tendent encore, nous venons de le dire, à distendre cette cavité. Dans presque toutes les vaches âgées, le volume du ventre fait paraître la poitrine étroite: le corps représente un cône dont le sommet est antérieur.

Mais il serait irrationnel de déduire de ce défaut, qu'une poitrine étroite est une condition nécessaire à une grande activité des mamelles, et qu'il faut choisir des vaches laitières à poitrail étroit et enfoncé, à poitrine sanglée derrière les épaules, à côte plate plutôt que ronde. Nous ne conseillerons jamais de choisir une jeune vache avec ces caractères. Cependant elle pourrait donner abondamment du lait, mais ce liquide serait de mauvaise qualité, la vache serait exposée à périr d'une affection pectorale, et si elle vieillissait, elle serait d'un engraissement difficile.

Les vaches à poitrine étroite sont ordinairement peu fécondes, quoiqu'elles montrent une grande propension à recevoir le taureau; elles sont même difficiles à engraisser quand elles jouissent d'une bonne santé et qu'elles ne donnent pas de lait.

Du reste, dans plusieurs circonstances, on peut avoir intérêt à acheter des vaches serrées, étroites de devant. C'est quand elles ont à un très-haut degré tous les signes des bonnes laitières ; quand le lait se vend bien et que la nourriture est chère. Les vaches alors sont des machines à lait sacrifiées. On ajoute peu d'importance à ce qu'on peut en tirer quand elles sont usées.

Tandis qu'avec les caractères que nous indiquons, les organes digestifs et respiratoires fonctionnent bien, et les aliments fournissent un sang abondant et généreux. Tous les organes sont dans un état d'excitation favorable à l'exercice de leurs fonctions. Les animaux qui réunissent ces conditions de force sont susceptibles, ou de faire un bon travail, ou d'engraisser rapidement, ou de donner beaucoup de lait, selon que l'appareil locomoteur — les os et les muscles ; — l'appareil de la nutrition — le tissu cellulaire, le tissu adipeux ; — ou l'appareil de la lactation — les mamelles, les réservoirs lactés — prédominent.

§ III. — Conformation, physionomie, tempérament, couleur.

1° *Conformation*. On rencontre rarement des glandes mammaires actives avec les formes gracieuses, arrondies, qui constituent ce que l'on appelle vulgairement *beauté* dans les quadrupèdes. Le plus souvent, les bonnes laitières sont anguleuses et paraissent plus ou moins décousues. Elles peuvent être aussi bien conformées, quant à la charpente osseuse, que les vaches remarquables par l'aptitude à s'engraisser ou à travailler; mais rarement, en état d'embonpoint, elles paraissent minces, pointues.

Et en outre le régime auquel on les soumet tend à faire paraître, quand elles sont âgées, la poitrine étroite et le ventre gros. Il en résulte que les épaules sont saillantes et que le corps paraît resserré, sanglé au milieu de la poitrine. La graisse qui, comme on sait, s'accumule surtout dans les vides qui existent à l'entour des organes et en particulier derrière l'épaule, trop peu abondante dans les bonnes laitières, manque dans cette région. Cette conformation n'est donc que la conséquence de la maigreur, il ne faut pas la confondre avec le resserrement constitutionnel produit par le peu d'étendue des côtes.

Le train antérieur n'en paraît pas moins, dans les vieilles vaches qui ont beaucoup de lait, mince et anguleux. Au bas de l'épaule, on remarque un enfoncement appelé *fossette de l'épaule* (Lemaire). Cet enfoncement est produit aussi par la maigreur; les alentours des apophyses de l'os de l'épaule et de celui du bras sont dépourvus de graisse et paraissent vides.

Il ne faut donc pas, sur un troupeau de vaches, toutes nourries et entretenues de la même manière, choisir les plus belles, les plus potelées pour avoir les meilleures laitières. On se tromperait à peu près constamment. Comme la poitrine, le train postérieur laisse souvent à désirer, quant aux formes: il est très-développé, les reins sont longs, les flancs étendus, mais les chairs ne sont pas en rapport avec les os, les saillies osseuses sont très-apparentes et les hanches saillantes (*Voyez* pl. I, II); le bassin est ample et les jambes, fort écartées, laissent entre elles un espace considérable où peuvent se loger de fortes mamelles.

La queue des bonnes laitières descend au-dessous des jarrets; elle est plus longue et moins grosse que dans les bêtes bonnes pour la boucherie: il est naturel qu'elle soit en rapport avec le développement des autres parties du rachis, avec la région lombaire et le sacrum, et qu'étant dépourvue de graisse et de forts muscles à la base, elle paraisse cylindrique, que la peau qui l'entoure présente des plis grands et nombreux.

On recommande de choisir, pour laitières, les vaches dont l'échine, au lieu d'être unie, présente vers son milieu un espace, espèce d'échancrure résultant de l'écartement des apophyses épineuses des vertèbres : l'apophyse de la dernière vertèbre dorsale est fortement recourbée en avant. Il existe quelquefois deux, trois, de ces échancrures, et elles se remarquent le plus souvent sur les bonnes vaches.

Dans quelques vaches, nous avons remarqué que le caractère recherché provient de ce que les apophyses des dernières vertèbres dorsales sont plus courtes que celles des vertèbres qui les précèdent. Alors, le dos présente à son milieu, au lieu d'une échancrure, un abaissement qui se prolonge jusqu'à la croupe.

Quand ce caractère existe, l'échine est souvent double dans sa moitié postérieure : le sommet des vertèbres est gros, refoulé, et paraît bifurqué; un léger enfoncement règne sur le plan médian du corps; c'est surtout près de la croupe que cette disposition est apparente.

Ce caractère est recherché dans la Flandre, où on y ajoute une grande importance, et chez les nourrisseurs de Paris, comme dans le Midi, où on dit que la vache sera féconde en lait... « surtout lorsque, vers le milieu de l'épine du dos, les apophyses s'écartent de manière à laisser deux intervalles distants de deux travers de doigt. » (A. Rodat.)

Si l'échine est double, les vertèbres sont plus épaisses, les hanches plus écartées, et les lombes, la croupe, plus larges : dans ce cas, le train postérieur est plus développé, le bassin plus ample, et, partant, les organes logés dans cette cavité, et même les mamelles, sont plus volumineux. Nous ne pouvons pas donner de meilleure explication des avantages qu'offrent les vaches qui présentent ce caractère.

Les nourrisseurs de Paris appellent ces interruptions de la colonne vertébrale *fontaines de dessus*, par opposition aux *fontaines de dessous* ou ouvertures par lesquelles les veines du ventre pénètrent dans les chairs (*Voyez* p. 42). Dans les bonnes vaches, disent-ils, ces *fontaines* se correspondent et sont également larges.

Nous ferons remarquer qu'elles ne se correspondent jamais, puisque les supérieures sont sur le plan médian du corps, et les autres sur les parties latérales du ventre; que la dénomination de fontaines (de lait) ne convient pas même aux inférieures, quoiqu'elles soient traversées par des veines. Cette dénomination, donnée à l'écartement des vertèbres, prouve que c'est par une fausse analogie qu'on a été conduit à les considérer comme un signe des bonnes laitières.

2° *Physionomie, tempérament, couleur.* Dans toutes les races, on choisira de préférence les vaches qui, par leurs formes, s'éloignent le plus de la conformation des mâles; celles qui ont les os peu volumineux, les membres grêles et fins, la queue déliée;

La tête mince, assez longue, étroite vers la région des cornes;

Les cornes de couleur claire, blanches, effilées, luisantes, jamais vertes;

La peau souple, moelleuse, ample, ridée, avec tendance à se couvrir de crasse;

Le poil, même sur le front, droit, lisse, doux, et fin, soyeux, en duvet près des ouvertures naturelles, sur le pis, au périnée; des poils gros supposent des bulbes volumineux et une peau épaisse pour les loger; caractère des vaches de montagne dures, rustiques, mal organisées pour donner du lait;

L'encolure mince, et paraissant longue, parce qu'elle est grêle, surtout près de la tête;

Les paupières minces, bien fendues, peu froncées;

Les yeux saillants, et le regard doux, féminin.

A ces signes de la constitution féminine, les vaches devront réunir un tempérament sanguin-lymphatique, et surtout un caractère doux : les bonnes laitières se laissent traire facilement. Elles regardent souvent, en ruminant et avec un sentiment de satisfaction, facile à reconnaître, la personne qui les tire; sensibles aux caresses, elles aiment à rendre celles qu'elles reçoivent.

Nous ne parlons pas de la couleur comme signe des qualités lactifères, car nous trouvons de très-bonnes vaches laitières parmi les vaches noires, hollandaises; ou rouges, flamandes; comme parmi les blanches ou celles de couleur froment, bressanes. La couleur peut avoir une grande valeur; mais c'est surtout comme indiquant l'origine des animaux. Les

Flamands et les Normands ne tiennent tant à conserver les robes de leurs bêtes à cornes que parce que le rouge et le brinzé servent de caractère aux races flamande et normande, et facilitent la vente de leurs produits.

§ IV. — Conditions hygiéniques auxquelles les vaches ont été soumises, leur âge, le nombre de veaux qu'elles ont faits.

Les vaches nées dans un climat doux et un peu humide, qui ont reçu des soins intelligents, une nourriture abondante et aqueuse sont en général bonnes laitières.

Comme tous les organes, les mamelles prennent du développement par l'exercice de leurs fonctions : ainsi les vaches ne donnent jamais autant de lait après le premier et le deuxième vêlage qu'après les vêlages suivants, surtout quand on les fait porter jeunes et qu'elles mettent bas avant le développement de leurs organes. C'est donc quand elles ont nourri plusieurs veaux, qu'elles ont été traites régulièrement et pendant longtemps, qu'elles donnent le plus de lait.

A cette occasion, nous devons recommander de ne pas choisir dans les foires, si on tient à avoir d'excellentes vaches, des bêtes de cinq ou six ans. On ne vend guère à cet âge que les vaches dont on n'est pas content.

On ne trouve jamais parmi les vaches préparées, engraissées dans la Flandre, pour être conduites à Paris—on les appelle *Parisiennes* — des bêtes ayant fait quatre veaux. Celles qu'on laisse vêler *quatre* fois dans la ferme sont excellentes, on les garde pour les besoins de l'exploitation; mais on vend les autres, même les bonnes, à l'âge où elles donnent le plus de lait : c'est le moment favorable pour en réaliser la valeur. Dans le pays, on compte moins comme revenu sur le lait que sur les vaches.

Les vaches arrivent rarement chez les nourrisseurs de Paris en quittant la Flandre; elles sont plus souvent achetées par les cultivateurs des départements de la Somme, de l'Oise, de Seine-et-Oise, qui eux aussi spéculent moins sur le lait que sur l'augmentation de valeur des vaches. Cependant l'établissement des chemins de fer tend à changer ces conditions économiques. A mesure que l'habitude d'envoyer le lait dans la capitale se propage, les fermiers iennent davantage à conserver les bonnes vaches. Aussi remarque-t-on qu'elles sont plus rares sur les marchés de Paris et des environs qu'elles ne l'étaient anciennement.

Mais, à qualités égales, les nourrisseurs de Paris préféreraient les vaches qui ont passé dix-huit mois, deux ans, dans une ferme de la Picardie; *elles se mettent à table en arrivant*, disent-ils; ils les appellent des *fermières;* tandis que celles qui arrivent directement de la Flandre regrettent les pacages et s'acclimatent toujours difficilement, restent deux ou trois mois sans se faire à la nouvelle nourriture; trop souvent elles dépérissent. On les reconnaît à ce qu'elles ont la peau moins souple que celles qui ont séjourné dans les étables des fermiers.

Les nourrisseurs surtout, qui n'aiment pas à faire porter les vaches, qui, en général, n'ont pas intérêt à les garder longtemps, ont un grand avantage à les acheter d'un âge un peu avancé; ils ont plus de chances d'en avoir de bonnes : à qualités naturelles égales, elles donnent plus de lait quand la croissance est terminée; elles se vendent moins cher, et, quand elles ont cessé de donner du lait, elles valent à peu près autant que les jeunes pour la boucherie. Ces avantages peuvent souvent compenser, et au delà pour les nourrisseurs, la moindre durée des vieilles vaches.

L'allaitement artificiel présente, à plusieurs égards, de nombreux avantages, mais quelques personnes pensent qu'il est peu favorable à la sécrétion des mamelles; elles croient que les vaches qui ont allaité leurs veaux, dont les mamelles ont été longtemps excitées par la bouche d'un ou de plusieurs nourrissons, ont toujours beaucoup plus de lait que celles dont les trayons n'ont été en rapport qu'avec la main de la trayeuse.

On conçoit que la chaleur douce, l'humidité de la bouche, les secousses imprimées aux mamelles, et la puissante succion que les nourrissons exercent, activent plus puissamment les glandes lactées qu'une main quelquefois brutale et presque toujours peu intelligente; mais il ne paraît pas cependant que cette influence soit aussi grande qu'on pourrait le croire, car il y a beaucoup de pays où l'on se trouve très-bien de ne pas laisser teter les veaux : l'allaitement artificiel de ces jeunes animaux tend à se propager de plus en plus.

§ V. — Maladies dont les vaches ont été affectées.

L'influence des maladies, facile à comprendre, est quelquefois très-grande et dure toute la vie. Les affections qui altèrent profondément les principaux organes : le système nerveux, le poumon, l'estomac, la matrice ; celles qui dérangent l'exercice de la digestion, de la respiration, diminuent la sécrétion du lait et rendent souvent ce liquide aqueux et mauvais.

Les maladies locales, celles qui occasionnent de vives douleurs, celles qui siégent sur les extrémités ou à la bouche, et qui gênent les vaches, soit pour marcher dans les herbages, soit pour prendre la nourriture, diminuent la sécrétion du lait, lors même qu'elles ne portent pas atteinte à l'exercice des principales fonctions de la vie.

Mais, parmi les maladies locales, les affections des mamelles sont celles qui exercent la plus grande influence sur la lactation. Elles attaquent, tantôt une partie, tantôt la totalité du pis. Ainsi des vaches, qui, après leurs premiers vêlages, donnaient également du lait par leurs quatre mamelons, n'en fournissent souvent, après une maladie du pis, que par trois, deux, quelquefois même par un seul.

Il n'est pas toujours facile de reconnaître les affections des mamelles, quand elles sont devenues chroniques, lorsque ces organes ont cessé d'être douloureux. Cependant, le plus ordinairement, la partie malade est ou plus dure, ou plus flasque, ou plus volumineuse, ou un peu atrophiée. Le trayon correspondant à la mamelle malade peut être ou induré ou plus petit ; il est obstrué si la maladie est ancienne.

Il faut considérer comme ayant les mamelles malades les vaches dont le pis est inégal, bosselé, et n'offre pas la même consistance, la même souplesse sur toute son étendue.

CHAPITRE II.

Signes locaux.

Ce sont les signes fournis par l'appareil qui sécrète le lait et par des organes, des veines, la partie de la peau qui dépendent du même appareil.

§ I. — Pis. — Mamelles, trayons.

Le pis est formé principalement par les glandes qui sécrètent le lait et qu'on appelle *mamelles*. Au nombre de quatre, deux de chaque côté, on désigne quelquefois les mamelles par le nom de *quartiers* : chacune constitue à peu près le quart du pis.

Le pis est formé en outre par la peau, par du tissu cellulaire, de la graisse, des ganglions lymphatiques, des vaisseaux, etc.

Dans presque toutes les vaches, l'abondance du lait est relative au volume des mamelles. Voici les caractères auxquels on peut reconnaître que ces glandes sont constituées pour produire beaucoup de lait :

Très-grand développement du train postérieur ; région lombaire large, forte ; croupe étendue ; hanches et membres postérieurs écartés ; espace qui doit loger le pis vaste ; mamelles bien développées, donnant au pis un volume considérable. (*Voyez* pl. II.)

Nous ferons remarquer cependant qu'il faut avoir égard à la nature du pis : son volume peut dépendre de la quantité de tissu cellulaire, de l'épaisseur de la peau, de l'abondance de la graisse ou de la grosseur de la glande. Dans les bonnes vaches, la glande le constitue en très-grande partie ; aussi, par la mulsion, diminue-t-il considérablement et devient-il mou, flasque et fortement ridé.

Un pis graisseux, qu'on appelle improprement *charnu*, est homogène, ferme ; il est résistant, et presque aussi volumineux, aussi consistant, après la traite qu'avant cette opération.

Pour prouver que le pis n'est pas charnu, les marchands tiraillent par derrière la peau qui le recouvre ; quand elle s'étend beaucoup, ils considèrent cela comme un bon signe, et le font remarquer aux personnes qui veulent acheter leurs vaches. En effet, on conçoit que la peau qui a été habituellement distendue par de grandes quantités de lait, doit être plus lâche, plus extensible que celle qui n'a pas éprouvé les mêmes alternatives de tension et de relâchement.

Cette opération des marchands a encore pour but de faire remarquer que les vaches sont de bonne nature, qu'elles ont la peau fine, douce, souple ; mais nous dirons que, dans toutes les vaches, la peau du pis offre ces caractères, à des degrés divers à la vérité, mais dont il est difficile que la plupart des acheteurs puissent saisir les nuances : c'est sur les côtes qu'il faut étudier la peau. C'est dans cette région que sont le plus sensibles les différences qu'elle offre dans les diverses races de bêtes bovines.

Quelques personnes attachent de l'importance à la forme du pis. Nous en connaissons qui recherchent un pis *appliqué,* c'est-à-dire un pis dont les mamelles s'étendent en avant et semblent collées au ventre.

Mais nous avons vu de très-bonnes vaches parmi celles qui ont le pis en bouteille et fortement pendant, comme aussi parmi celles chez lesquelles cet organe est relevé. Le volume et la nature, c'est ce qu'il importe de prendre en considération.

Il faut que le pis soit gros, mais sans être ni charnu ni graisseux ; les mamelles, alors bien développées, peuvent fournir un lait abondant, et les réservoirs lactés sont vastes pour recevoir ce liquide.

Les *trayons* ou *mamelons* ont moins d'importance que les mamelles. Chez la vache il y en a cinq ou six, dont un ou deux souvent postérieurs, quelquefois entre les grands, mais presque toujours très-petits et donnant rarement du lait. On doit cependant les considérer comme un bon signe, car ils indiquent la disposition de l'appareil lactifère à prendre un très-grand développement.

Les quatre antérieurs, ceux dont nous devons surtout tenir compte, sont à peu près égaux. Ils se développent à mesure que les vaches sont ou traites ou tetées, ce qui explique pourquoi ils sont volumineux dans les vaches qui donnent beaucoup de lait, c'est-à-dire qu'on trait souvent et pendant longtemps. Leur volume considérable est un très-bon signe.

Les deux mamelons postérieurs fournissent ordinairement plus de lait que les deux antérieurs, parce que les deux mamelles de derrière — les *quartiers postérieurs* — sont presque toujours les plus volumineuses.

Les trayons doivent être souples, non obstrués, couverts d'une peau douce et exempts d'induration comme d'atrophie. Les verrues qu'on y remarque assez souvent sont ordinairement insensibles et n'entraînent aucun inconvénient ; il est cependant mieux qu'il n'y en ait pas, car elles peuvent rendre la traite douloureuse, porter les vaches à se défendre, et faire perdre ou diminuer la quantité du lait.

On appelle *empissées* les vaches qui, n'ayant pas été traites depuis longtemps, ont le pis dur, gonflé, douloureux. Les marchands, pour faire paraître bonnes laitières des bêtes mauvaises ou médiocres, vont même jusqu'à lier les trayons. Cette pratique peut avoir des suites fâcheuses. Il suffit de la signaler. On reconnaît que les vaches n'ont pas été traites depuis longtemps, à ce que le pis est dur et très-distendu, relativement à son volume, à ce que les trayons sont roides, divergents, souvent douloureux, et à ce qu'ils laissent, sans qu'on les touche, couler le lait.

La position des trayons n'a pas une grande importance ; cependant, il est à désirer qu'ils soient écartés les uns des autres, car alors les réservoirs lactés sont spacieux. Cette particularité se remarque sur les meilleures vaches. Quand les trayons sont rapprochés, les mamelles sont petites et le lait peu abondant.

Néanmoins, il faut, pour apprécier l'influence exercée par la position des trayons, avoir égard à la forme du pis. Quand celui-ci est allongé, en *bouteille,* les vaches peuvent être bonnes, quoique les trayons soient rapprochés. Les réservoirs lactés sont alors développés de haut en bas, au lieu de l'être d'un côté à l'autre et d'avant en arrière.

§ II. — Vaisseaux lymphatiques et veines.

Dans toutes les excellentes vaches, le système veineux est très-développé, et de tous les signes d'une abondante lactation les meilleurs sont ceux fournis par les veines de l'appareil lactifère. Les vaisseaux lymphatiques peuvent fournir aussi un signe excellent, mais plus difficile à reconnaître.

1° *Vaisseaux lymphatiques.* Lemaire a signalé le développement des vaisseaux lymphatiques comme annonçant un travail considérable des mamelles. Dans les très-bonnes vaches, ces vaisseaux, avec les ganglions de même nature, forment sur le flanc, le long du bord antérieur de la cuisse, une corde noueuse qui se sent avec la main.

2° *Veines.* Si les veines qui entourent le pis sont grosses, flexueuses et variqueuses, elles indiquent que les mamelles reçoivent beaucoup de sang, et, partant, que leurs fonctions sont actives, et que le lait est abondant.

Veines du ventre ou veines lactées. Les veines qui existent sur les parties latérales du ventre, pl. I, sont les plus faciles à remarquer, et tous les auteurs les ont signalées comme un des signes les plus propres à faire reconnaître l'activité des mamelles.

En effet, si l'on remarque que ces glandes soient inégales, que l'une d'elles soit plus petite, atrophiée, on peut être certain que la veine correspondante sera moins grosse que celle du côté opposé; de même que l'inégalité des deux veines supposera une différence dans l'activité des deux glandes, et pourra contribuer à en faire reconnaître un état maladif.

Ces veines sortent du pis en avant et par l'angle externe, où elles forment, dans les très-bonnes vaches, un renflement variqueux considérable. Elles s'avancent vers la partie antérieure du corps en décrivant des angles plus ou moins prononcés, se divisent souvent vers leur extrémité antérieure, et s'enfoncent dans le corps par plusieurs ouvertures.

On peut apprécier le volume des veines lactées à la vue, en les touchant, en les comprimant sur leur trajet, ou enfin en les pressant à l'endroit où elles pénètrent dans les chairs: dans ce cas, on enfonce la peau et le doigt dans l'ouverture qu'elles traversent: la largeur de cette ouverture représente le diamètre de la veine, et dès lors la grosseur du doigt qui l'obstrue représente celle de la colonne de sang dont il tient la place. Il est inutile d'ajouter que, lorque les veines sont divisées, il faut, pour apprécier les vaches, explorer toutes les ouvertures qu'elles traversent.

Portes du lait, fontaines. On appelle ainsi les ouvertures dont nous venons de parler. Elles sont traversées par les veines lactées au moment où ces vaisseaux pénètrent dans le corps.

Les dénominations qu'on leur donne, *portes du lait, fontaines*, sont impropres, car le sang qui les traverse ne va pas à la mamelle porter les matériaux du lait, il en revient; c'est la partie qui n'a pas été utilisée à l'élaboration de ce liquide; c'est le résidu de la sécrétion.

Dans les moments où les vaches ne donnent

pas de lait, les veines lactées, peu gonflées, ne sont pas en rapport avec les qualités laitières des vaches. Pour apprécier ces qualités, il faut alors comprimer la veine à son extrémité antérieure, afin d'arrêter le sang et de la faire gonfler. Un bon moyen de produire ce résultat, consiste à plonger le doigt dans l'ouverture par laquelle le vaisseau pénètre dans le corps. Cette opération permet en outre d'apprécier le volume de la veine, car, quand le sang diminue, cette ouverture se rétrécit moins rapidement que la veine.

D'autres fois les veines sont variqueuses, fort irrégulières; elles paraissent plus grosses qu'elles ne sont réellement. Leur volume apparent est en disproportion avec la quantité de sang qui les parcourt, celui-ci y séjourne presque, on pourrait être trompé à moins d'un examen attentif. Les données fournies par les ouvertures sont plus certaines.

VEINES DU PIS ET DU PÉRINÉE. Les *veines du pis* et du périnée, dont jusqu'ici on a trop négligé de tenir compte, peuvent fournir aussi de précieuses indications. Elles doivent, les unes comme les autres, être fortement développées, grosses et variqueuses; c'est-à-dire, présenter des gonflements, des nodosités.

Celles du pis n'ont pas de direction déterminée. Fort irrégulières, elles se présentent, sous forme de lignes noueuses et plus ou moins obliques, en zigzag. Elles ne sont bien volumineuses que dans les vaches qui donnent de grandes quantités de lait. Pl. I, II, III.

Dirigées de haut en bas, en formant une ligne flexueuse, parsemée de nodosités, les *veines du périnée*, comme celles du pis, ne sont apparentes ni dans les génisses ni dans les bêtes de médiocre qualité; on ne peut en constater la présence que dans les très-bonnes vaches.

Dans la vache pl. I, II, sur laquelle nous avons vu, pour la première fois, la veine du périnée, aux environs de Lille, en 1847, avec MM. Delplanque et Pommeret, cette veine formait une très-grosse ligne bosselée et flexueuse. La vache hollandaise qui la présentait, pl. I, II, sans être de forte taille, donnait quarante litres de lait par jour et ne tarissait pas pendant la gestation. Toute la surface du pis était variqueuse, parsemée de grosses veines transversales.

Les veines du périnée, dans les meilleures

laitières, forment un réseau sous-cutané qui soulève plus ou moins la peau. Dans quelques vaches, dans les meilleures, ces veines se dessinent par une ligne grosse, bosselée; mais, le plus souvent, pour les rendre apparentes, il faut presser la peau en travers, à la base du périnée. La pression les fait gonfler et les rend sensibles à la vue et au toucher. Il est même assez facile de faire refluer le sang vers la vulve, de produire des ondulations très-apparentes.

On doit toujours faire attention à ces mouvements du sang, afin de ne pas prendre pour des veines les plis que présente quelquefois la peau du périnée. L'erreur est surtout à craindre sur les vaches grasses, à cause des renflements graisseux que présente le périnée. Noyées dans la graisse, les veines ne peuvent être distinguées que par les mouvements du sang qui souvent sont même peu apparents.

Sur quelques vaches, la veine se trouve entre deux plis placés de chaque côté du périnée; elle est alors beaucoup moins saillante que les plis, et ne devient sensible que par la fluctuation du sang.

D'autres fois (c'est lorsque le périnée est

uni, la peau mince, la vache vieille), les veines, quoique peu développées, sont apparentes ou le deviennent facilement, sans être cependant fort volumineuses. Il faut avoir égard à leur volume : si elles sont minces, elles n'indiquent pas de très-bonnes vaches, quoiqu'elles soient très-faciles à découvrir.

Ce n'est pas toujours dans la partie supérieure du périnée, près de la vulve, que la veine est le plus visible; quelquefois on ne la distingue qu'à la partie inférieure de cette région, près du pis; elle apparaît alors sous forme de nodosités; quelquefois fort grosses, qui se remarquent sur le périnée, le pis et l'espace qui les sépare.

VALEUR DES SIGNES FOURNIS PAR LES VEINES. De tous les signes d'une abondante sécrétion lactée, les veines du pis et du périnée fournissent les meilleurs, les seuls qui soient infaillibles. Mais, quoique les plus sûrs, ils n'ont cependant pas une valeur absolue

Pour les apprécier, il faut tenir compte de l'état d'embonpoint des vaches, de l'épaisseur de la peau, de la nourriture, de l'excitation générale, de la fatigue, des courses, de la chaleur, de toutes les circonstances, enfin, qui peuvent faire varier l'état de plénitude du système sanguin et la dilatation des veines; il faut, en outre, se rappeler que toutes les veines sont plus grosses, dans les deux sexes, sur les sujets vieux que sur les jeunes; que les veines qui environnent le pis sont, dans les femelles qui ont du lait, celles qui varient le plus selon les différentes époques de la vie: à peine apparentes dans la jeunesse, elles sont d'un volume considérable quand, après plusieurs gestations, l'action de traire a donné à la glande tout son développement. C'est alors qu'elles offrent les nodosités qui caractérisent les très-bonnes laitières. Subordonnées à l'état d'activité de la glande, elles sont beaucoup plus resserrées dans les moments où les vaches ne donnent pas de lait.

Ce rapport, entre le volume des veines et le lait sécrété, se remarque dans toutes les femelles sans exception. La grosseur des veines, leur état variqueux, étant une conséquence de la quantité de sang attiré par l'activité des mamelles, est non-seulement le signe, mais encore la mesure de cette activité: la liaison entre les deux phénomènes est telle, que, si les deux mamelles ne donnent pas une égale quantité de lait, les veines les plus grosses sont, comme nous l'avons dit, du côté de la glande qui en donne le plus.

Dans les très-bonnes vaches, les veines ne sont pas seulement apparentes par leur saillie, mais encore par une teinte jaunâtre de la peau des mamelles et du périnée; dans les génisses qui doivent être bonnes laitières, elles sont assez abondantes pour donner à la peau de la région des mamelles une teinte rosée.

§ III. — Écussons, épis.

Le poil qui recouvre le corps de nos grands ruminants a une direction de haut en bas. Il arrive cependant qu'on observe des places, quelquefois fort étendues, sur lesquelles il se dirige de bas en haut. Le poil remontant dessine alors des surfaces distinctes, appelées *épis, mollettes.*

Depuis un temps immémorial, les habitants du Mont-d'or-Lyonnais, des communes de St.-Cyr, de St.-Didier, de Couzon, etc., considèrent les épis ou mollettes placés sur les parties latérales du ventre, à la base du flanc, comme indiquant les qualités lactifères des chèvres. Nous n'avons à nous occuper ici que des épis situés sur les fesses, le pis et le périnée des vaches ; ce sont ces épis que M. Guenon a appelés *écussons, gravures*.

1° *Moyens de reconnaître les écussons et les épis*. Les écussons sont représentés par la partie ombrée E des fig. 3, 7, 12, 17, 22, et par les autres figures des planches III, IV, V, VI, VII.

Mais nous devons prévenir que, sur les vaches, ils sont toujours en partie cachés par les cuisses, le pis, et par des plis de la peau qui n'ont pas été représentés ; il en résulte qu'ils ne sont pas aussi unis dans la nature que sur les planches.

Quant à leur dimension, elle varie selon que la peau est plus ou moins plissée ou étendue ; nous avons supposé, dans les figures, que la peau est unie, c'est-à-dire dépourvue de plis, mais sans être tendue.

Pour faire comprendre les différences que présentent les écussons, quant à leur dimension, surtout selon l'état de la peau, nous avons représenté de deux manières le même écusson, fig. 26 et 27. Dans la figure 27, on a conservé les mêmes proportions que pour les autres écussons représentés dans les planches, mais en cherchant à représenter les plis de la peau ; tandis que dans la figure 26, l'écusson est tel qu'il aurait été si on eût étendu les plis du pis, fait ressortir la peau placée entre le pis et les cuisses, en un mot, si la peau, couverte de poil ascendant, eût été complétement étendue.

Cet écusson, peu développé, ainsi que le représente la figure 27, a été observé sur une très-forte vache normande.

Le plus souvent on reconnaît facilement les écussons à la direction du poil qui les forme. Ils sont même quelquefois entourés d'une ligne de poils hérissés, redressés, formée par la rencontre du poil montant et du poil descendant.

Cependant, quand le poil est très-fin et très-court, mêlé à de longs crins, que la peau présente de forts plis, que le pis est volumineux et pressé par les cuisses, il faut, pour pouvoir distinguer la partie serrée entre le pis et les membres, et saisir toute l'étendue des écussons, les examiner attentivement, faire écarter les jambes des vaches, et même tendre la peau, afin d'effacer les plis qu'elle forme.

On reconnaît aussi les écussons en appuyant

le revers de la main contre le périnée ; en dirigeant ensuite la main du haut en bas, les ongles rebroussent le poil remontant, et rendent sensibles les parties qui en sont recouvertes.

Comme le poil de l'écusson n'a pas la même direction que le poil qui l'environne, il reflète une teinte différente qui le distingue ; il suffit de se placer convenablement par rapport au jour pour saisir la différence de nuances et reconnaître la partie couverte de poil remontant.

Le plus ordinairement, le poil sur l'écusson est rare, fin, et laisse voir la couleur de la peau. Si on s'en rapportait uniquement à la vue, on se tromperait souvent. Ainsi, dans les figures 26, 27, la partie ombrée, qui s'étend de la vulve à l'écusson E, représente une bande de poils, d'une teinte un peu brune, qui recouvrait le périnée, et qu'on aurait prise facilement pour une partie de l'écusson.

Dans quelques pays, les maquignons rasent les fesses des vaches. De suite après cette opération, on ne peut reconnaître les écussons ni à la vue ni au toucher ; cet inconvénient cesse après quelques jours. Nous devons ajouter que le tondage, destiné, disent les marchands, à embellir les vaches, a, le plus souvent, pour but exclusif de détruire l'écusson, et de priver les acheteurs d'un moyen d'apprécier les qualités laitières.

Il est inutile d'ajouter que ce sont surtout les vaches mal marquées qu'on tond avec le plus de soin; qu'il est prudent alors de considérer comme mauvaises les vaches qui ont le périnée rasé.

2° *Description des écussons et des épis.* Les écussons varient quant à leur position, à leur étendue, et à la figure qu'ils représentent.

D'après leur position, nous les diviserons en *écussons* proprement dits ou écussons inférieurs, et en *épis* ou écussons supérieurs. Pour éviter toute confusion, nous appellerons ces derniers *épis*.

Les *épis*, très-petits en comparaison des écussons, sont situés dans le voisinage de la vulve, fig. 12, 13, 14, 15, 16, s. s. Très-communs sur les vaches des races mauvaises laitières, ils se remarquent assez rarement dans celles qui fournissent les meilleures vaches à lait. Ils consistent en un ou deux ovales, ou en une ou deux bandelettes de poils ascendants, et servent à faire connaître la durée de la lactation : cette durée est d'autant moindre qu'ils sont plus développés. Il faut les distinguer des écussons, qui se prolongent en haut jusqu'à la vulve. Ils en sont séparés par des bandes plus ou moins larges de poils descendants. Fig. 14, 16, DD.

Les écussons, fig. 12, 13, 14, 15, 16, 1; et fig. 3, 4, 5, 6, 7, 8, 9, etc., existent, plus ou moins développés, sur presque toutes les vaches, et indiquent la quantité de lait qui est en rapport avec leur étendue. Quelquefois ils ne forment qu'une petite plaque placée sur la face postérieure du pis, fig. 23; d'autres fois ils recouvrent le pis, la face interne des jambes et des cuisses, le périnée et une partie des fesses. Fig. 3, 4, 5, etc.

Nous distinguerons dans les écussons deux parties : une, située sur le pis, les jambes et les cuisses, fig. 4, MM, et l'autre, qui se trouve sur le périnée, et s'étend quelquefois plus ou moins sur les fesses, même fig. PP. La première partie constitue, à elle seule, les fig. 11, 23.

Nous appellerons la première partie *mammaire* et la seconde *périnéenne*.

La première est tantôt vaste, étendue sur les mamelles, les cuisses et les jambes, pl. III, IV; tantôt circonscrite, ou plus ou moins échancrée par des plaques de poils descendants, pl. VI, VII. Elle se termine quelquefois vers la partie supérieure du pis par une ligne horizontale, droite, fig. 11, ou anguleuse, fig. 23; mais, le plus souvent, elle se continue, sans interruption, sur le périnée et constitue la partie périnéenne.

Celle-ci présente une bande large, fig. 4, ou étroite, fig. 17, que limitent, sur les côtés, deux lignes parallèles, mêmes figures, ou courbes, fig. 8; elle s'élève quelquefois à peine au quart de la hauteur du périnée, fig. 12; d'autres fois elle atteint ou dépasse le milieu de cette région, en formant une bande droite, fig. 9, 17, ou pliée en équerre, fig. 5, 10, tronquée, fig. 12, ou terminée par une ou plusieurs pointes, fig. 6, 7, 15, 24. Dans quelques vaches, cette bande parvient jusqu'à la base de la vulve, fig. 14, 22; dans d'autres, elle embrasse plus ou moins la partie inférieure de cette ouverture, fig. 3, 4, 13, 21.

Les écussons sont tantôt symétriques, fig. 3,

4, 8, 9, 11, 12; tantôt sans symétrie, fig. 16, 19, 24. Quand il y a une grande différence dans l'étendue des deux moitiés, il arrive presque toujours que la mamelle, du côté où l'écusson est le plus développé, donne, comme nous le verrons, plus de lait que celle du côté opposé. Ce que nous voulons faire remarquer ici, c'est que la moitié gauche de l'écusson est presque toujours la plus étendue. Ainsi, quand la partie périnéenne forme une bande pliée en équerre, c'est sur ce côté du corps qu'elle se replie, fig. 5, 10, 16. Sur 3,000 vaches, M. Andersen n'en a trouvé en Danemark qu'une seule dont la gravure s'éloignât un peu de cette règle.

Nous n'avons observé le contraire qu'une seule fois, c'est sur un taureau. La partie périnéenne de l'écusson formait une bande de trois à quatre centimètres de largeur, irrégulière, mais située, en grande partie, sur le côté droit du corps. Parvenue vers le tiers supérieur du périnée, cette bande formait une espèce d'équerre, en se prolongeant encore à droite par une petite pointe, fig. 25.

Les écussons ayant une valeur proportionnelle à l'espace qu'ils occupent, il importe beaucoup qu'on ait égard à toutes les plaques de poils descendants, qui en diminuent l'étendue, soit que ces plaques se trouvent au milieu de l'écusson, fig. 19, 20, 21, soit qu'elles forment des échancrures sur les bords, fig. 16, 18, 19, 20, 22.

Ces échancrures, en partie cachées par les plis de la peau, sont quelquefois difficiles à apercevoir. Il importe cependant beaucoup d'en tenir compte ; car, sur un grand nombre de vaches, elles diminuent beaucoup l'étendue de l'écusson. On trouve souvent des vaches dont l'écusson mammaire, vu légèrement, paraît très-large, et qui sont cependant médiocres, parce que des échancrures latérales diminuent beaucoup la partie de la peau couverte de poils montants. On commet beaucoup d'erreurs dans l'appréciation des vaches, parce qu'on ne fait pas assez d'attention à l'étendue réelle de l'écusson.

Toutes les discontinuités des épis indiquent une diminution dans la quantité du lait, à l'exception, cependant, de petites plaques ovales ou elliptiques, qui se trouvent dans l'écusson, sur la face postérieure du pis des meilleures vaches, fig. 3, 4, 6, 8, 9, 10, 14.

Ces ovales offrent une teinte particulière, qui provient de la direction descendante du poil qui les forme. Dans les meilleures vaches, ces ovales existent avec des écussons inférieurs très-développés, fig. 3, 4, 6.

Enfin, nous devons encore prévenir que, pour apprécier l'étendue et, partant, la signification d'un écusson, il faut bien tenir compte de l'état de graisse du périnée et de l'état de plénitude du pis. Dans une vache grasse, dont le pis est gonflé, l'écusson paraît plus étendu qu'il ne l'est réellement; tandis que dans une vache maigre, dont le pis est ridé, il paraît plus étroit.

Dans les taureaux, fig. 25, les écussons présentent les mêmes particularités que dans les vaches; cependant ils sont moins variés dans leurs contours, et, surtout, beaucoup moins étendus, ce qui se conçoit très-bien d'après l'explication que nous donnons des écussons. (*Voyez* page 59.)

Dans les vêles, les écussons offrent les figures qu'ils devront avoir plus tard. Ils ne sont que plus resserrés en raison du peu de développement des parties qu'ils recouvrent. On les reconnaît très-facilement après la naissance : mais le poil qui les forme alors est long, gros, roide. Après la chute de ce poil, les écussons des vêles ressemblent à ceux des vaches, moins l'étendue.

3° *Rapports qui existent entre les écussons et les fonctions des mamelles.* Les rapports qui existent entre la direction du poil du périnée et l'activité des mamelles sont incontestables. De vastes écussons indiquent que les vaches sont bonnes; tandis que les *épis* se remarquent sur les vaches qui tarissent peu de temps après avoir été fécondées de nouveau.

Mais quelle est la cause de ces rapports? quel lien peut-il y avoir entre le poil du périnée et les fonctions de la mamelle?

Nous avons cherché à résoudre cette question dans le *Moniteur agricole*, en 1848 ; nous dirons seulement, dans ce travail tout pratique, que la direction du poil est subordonnée à celle des artères ; que lorsqu'une large plaque de poil est dirigée de bas en haut sur la face postérieure du pis et sur le périnée, cela prouve que les artères qui se rendent à la mamelle sont grosses, qu'elles la dépassent en arrière, qu'elles y portent beaucoup de sang, et que, partant, elles en activent les fonctions;

que des épis supérieurs, placés sur les côtés de la vulve, prouvent que les artères des organes génitaux sont fortement développées, s'étendent jusqu'à la peau, et qu'elles impriment une grande activité à ces organes. D'où résulte qu'après la fécondation ils attirent le sang qui se portait aux mamelles, et font diminuer, cesser même la sécrétion du lait.

Dans le taureau, les artères qui correspondent aux artères mammaires de la femelle, n'étant destinées qu'aux enveloppes des testicules, sont très-peu développées, et de là résulte que, chez eux, les écussons n'ont qu'une faible étendue.

4° *Valeur des signes fournis par les écussons.* D'après cette explication, qui rend très-bien compte de tout ce qui a été observé, il est aisé de comprendre la valeur des écussons. Plus les inférieurs sont développés, plus les vaches doivent avoir de lait; mais leur figure n'a aucune signification.

Quelle que soit, du reste, la cause des rapports qui existent entre la sécrétion du lait et les écussons, ces signes ne sauraient fournir des données aussi certaines qu'on a bien voulu le dire.

En effet, la quantité du lait et la qualité de ce liquide ne dépendent pas seulement de la forme et de l'étendue de l'écusson ; elles dépendent de la nourriture, des soins particuliers, du climat, du tempérament, du volume et de l'énergie des principaux organes intérieurs, de la capacité de la poitrine, de l'influence de l'appareil génital, etc. Toutes ces circonstances font varier la quantité de lait, sans faire changer l'étendue de l'écusson ; par conséquent, il est impossible que le même rapport existe toujours entre les écussons et les quantités de lait des vaches qui les portent. On voit souvent des vaches de taille égale, ayant exactement le même écusson, et placées dans les mêmes conditions hygiéniques, qui ne donnent ni la même quantité de lait ni un lait de même qualité. Il ne saurait en être autrement : en supposant qu'un épi donné eût exactement la même valeur au moment de la naissance, il n'en serait plus de même à l'âge adulte, puisqu'il survient, pendant la vie, une infinité de circonstances qui font varier diversement l'activité des mamelles sans changer la figure ni l'étendue de l'écusson.

Ne suffit-il pas de rappeler l'inégalité de lait

que donnent les mêmes vaches, selon qu'elles ont fait un, deux, trois veaux, pour comprendre que M. Guenon a assigné trop de valeur au signe qu'il a découvert ?

Il arrive souvent que deux chevaux ayant exactement la même conformation, les mêmes formes extérieures, n'ont pas la même énergie, la même valeur pour le travail. La différence provient évidemment du tempérament, de l'activité des principaux organes intérieurs, c'est-à-dire de conditions qu'il nous est souvent impossible d'apprécier d'une manière directe.

Or, quand le tempérament influe sur les muscles et les os, dont l'action est cependant en partie mécanique, analogue à celle d'un levier, assez puissamment pour rendre les mouvements inégalement prompts et étendus, pouvons-nous supposer qu'il est sans influence sur le travail tout vital, du moins tout moléculaire, de la glande mammaire ?

On aurait donc pu soutenir, *à priori*, que l'exactitude mathématique assignée à une classification des vaches est contraire aux lois les plus générales de la physiologie : vouloir indiquer qu'une vache donnera tant de lait par jour, et pendant tant de jours, c'est se tromper ou vouloir tromper les autres ; l'étude des phénomènes de la vie nous prouve que l'action des organes ne dépend pas seulement de leur volume, de leur forme, mais de l'état général de l'indivdu.

Tous les essais faits sur la méthode Guenon, nous n'en exceptons pas même ceux de l'auteur, prouvent la justesse de notre appréciation. Appelé à se prononcer sur les qualités de vaches dont le rendement était bien connu, il est arrivé à M. Guenon de se tromper 7 fois sur 8 vaches, 15 fois sur 21. Et qu'on n'attribue pas ces erreurs au hasard, à cause du petit nombre de vaches soumises à l'appréciation, nous rappellerions qu'il s'est trompé 152 fois sur 174 (1), 321 fois sur 352 ; qu'il s'est trompé de 1,612 litres de lait sur un total de 4,696 litres (2) ; c'est-à-dire sur presque toutes les vaches, et, en moyenne, de plus d'un tiers de leur produit sur chacune ! Sur quelques sujets, les erreurs ont été de 10, 12 et même de 15, 16 litres de lait par jour.

(1) Rapport à la Société centrale d'agriculture, par M. Yvart, au nom d'une commission.

(2) Rapport au ministre de l'agriculture, par M. Lefebvre-Sainte-Marie, au nom d'une commission.

Il serait oiseux d'insister aujourd'hui sur ce sujet. Le système des écussons ne peut servir que pour faire connaître *approximativement* la quantité de lait, et sur la *plupart* des vaches seulement

D'où provient donc la confiance que tant de personnes ont eue dans la découverte de M. Guenon ? De la grande habileté, du savoir de l'auteur. On a attribué à la perfection de la méthode des résultats qui étaient dus à l'expérience de celui qui l'appliquait.

Si, au lieu de charger M. Guenon d'apprécier lui-même des vaches, on l'eût engagé à faire des élèves, à enseigner son système, comme Daguerre a enseigné à faire des portraits, comme Vicat a enseigné à faire de la chaux hydraulique, sa découverte serait depuis longtemps appréciée à sa juste valeur. Elle serait devenue plus populaire et aurait rendu de plus grands services. Car, quoique le signe fourni par les écussons soit loin d'avoir toute la certitude qu'ont voulu lui attribuer des personnes étrangères aux sciences physiologiques, il ne faudrait pas croire que ce signe soit sans utilité.

Par sa découverte, M. Guenon n'en a pas

moins rendu un grand service à l'agriculture : l'écusson offre l'avantage de fournir un signe qui peut être facilement saisi et apprécié, même par les personnes qui n'ont pas une grande expérience dans le choix des vaches; un signe qui est apercevable sur les très-jeunes sujets, sur les taureaux comme sur les génisses; un signe enfin qui, dégagé des complications systématiques dont on l'avait entouré, ne tardera pas à devenir usuel, et facilitera la multiplication des bonnes vaches, en permettant de n'élever que des bêtes d'espérance.

On a voulu avoir égard, pour apprécier les qualités du lait, à la finesse du poil qui forme les écussons, à la couleur de la peau et à la poussière qui s'en détache quand on la frotte ; mais l'expérience n'a pas encore démontré que ces signes aient la valeur qu'on a voulu leur attribuer

CHAPITRE III.

Valeur relative des signes généraux et des signes locaux.

D'après quelques auteurs, la conformation des vaches, le tempérament, n'exercent aucune influence sur la production du lait ; d'autres admettent, au contraire, que la valeur des vaches est relative au degré de développement de ces signes, et que l'écusson n'indique de bonnes laitières que lorsqu'il se fait remarquer sur des vaches à constitution délicate, à tempérament lymphatique.

La valeur des signes est relative à l'âge des vaches. Dans une vache qui donne du lait depuis quelques années, qui est à son deuxième, à son troisième veau, le volume des veines et des vaisseaux lymphatiques, la grosseur du pis, sont des signes de première valeur. S'ils ne sont pas développés, la vache est mauvaise. Mais elle ne sera très-bonne, quoique les vaisseaux soient gros et le pis volumineux, que si l'écusson est large, la constitution féminine, la poitrine ample, les pointes des bras écartées.

Plusieurs des signes locaux sont en quelque sorte la conséquence de la sécrétion du lait ; tels sont la grosseur des vaisseaux, l'ampleur du pis, et c'est ce qui explique leur grande valeur ; mais il ne faut pas s'attendre à les trouver chez les génisses, ni même chez les vaches, de suite après le premier vêlage. Cependant on remarque que la peau dans la région du pis est distendue par des tissus sous-cutanés, abondants, la graisse y est accumulée. On reconnaît déjà, à ces signes, à la teinte rosée de la peau, que, dans cette région, le sang abonde; que les parties pourront avoir une grande activité quand l'excitation physiologique qui provoque la sécrétion du lait se sera produite.

Dans les génisses, la constitution féminine, la peau souple, le poil fin, les cornes minces, ont une très-grande valeur, et parce que ces caractères annoncent que si les signes locaux existent, les vaches seront très-bonnes, et parce qu'ils fournissent une très-forte présomption en faveur du développement ultérieur de ces signes.

Toutes les parties dans une vache se correspondent. Quand par sa tête épaisse, ses cornes grosses, sa peau forte, son poil dur, son encolure volumineuse, ses membres gros, une vache ressemble à un taureau, presque toujours elle aura les cuisses charnues, mais la région du pis peu graisseuse, parce que les artères des mamelles sont petites, ressemblent à celles du scrotum, des enveloppes testiculaires auxquelles elles correspondent.

Nous n'insisterons pas davantage sur la valeur relative des divers signes d'une abondante lactation. Nous ferons seulement remarquer que depuis que nous avons méthodiquement exposé les signes généraux, ceux mêmes qui en contestent la valeur les ont examinés, décrits, ce qui prouve qu'ils y ajoutent de l'importance.

CHAPITRE IV.

Classification des vaches laitières d'après la quantité de leur produit.

Nous ne connaissons aucun signe qui puisse servir à classer méthodiquement les vaches laitières.

Pour les classer d'après leurs écussons, — en supposant que ce signe eût une valeur certaine, — il faudrait avoir égard à l'étendue de la surface que ces plaques de poil ascendant occupent, ou à la figure qu'elles représentent; or, l'étendue serait très-difficile à mesurer, et d'ailleurs, ainsi que nous l'avons dit, susceptible de varier selon l'état du sujet; ensuite il faudrait la comparer à la taille, au poids de la vache. Ce moyen de classification serait donc d'une application bien difficile.

Quant à la figure, elle présente tant de modifications, qu'il serait impossible d'en saisir les nuances : ou l'on s'en tiendrait aux différences principales, et alors le travail serait peu utile ; ou l'on descendrait aux détails, et alors la classification entraînerait des erreurs fréquentes. Car, lorsque les écussons ne varient que par quelques centimètres de surface, par de légères différences dans leurs contours, ils exercent sur les fonctions des mamelles une influence qui peut être neutralisée par celle du tempérament. C'est ainsi que des vaches marquées, dans le système de M. Guenon, comme ne devant donner que 10, 11 litres de lait, en donnent quelquefois plus que celles qui devraient en donner 14, 15, 16.

Ensuite, la figure a une importance très-secondaire : tantôt l'écusson est développé en longueur, tantôt en largeur ; dans quelques vaches il paraît vaste, mais interrompu par des plaques de poil descendant, il occupe peu de surface ; dans d'autres il paraît resserré, mais il est uni, continu et bien symétrique ; dans tous ces cas il peut avoir la même valeur. Les vaches qui présentent ces modifications donnent la même quantité de lait; convient-il de les séparer?

D'après le tableau de M. Guenon, sept ordres de vaches donnent par jour 16 litres de lait, onze en donnent 14, quatorze en donnent 12, seize en donnent 10, dix-huit en donnent 8. Quel intérêt peut-il y avoir à distinguer des vaches qui, fournissant le même produit, ont exactement la même valeur?

En classant les vaches d'après la figure de l'écusson, M. Guenon les avait d'abord divisées en *flandrines*, *liserines*, *équerrines*, *bicornes*, *courbelignes*, *poitevines*, *limousines* et *carrésiennes*. Il a ajouté depuis, les *flandrines-équerrines*, les *flandrines-liserines*, les *liserines-équerrines*, les *doubles liserines*, dont nous avions donné un exemple figure 19.

En Allemagne, en Danemark, en « comparant les formes des différentes gravures à des objets de la vie ordinaire, » on a adopté les dénominations suivantes: *lyriformes*, qui correspondent aux flandrines, fig. 4; à *lisières*, fig. 17; *équerriformes*, fig. 5 et 10; *bi* ou *trifurquées*, écussons terminés en deux, fig. 6, ou en trois cornes, fig. 7; *cordiformes*, qui répondent aux courbelignes, fig. 8 ; *claviformes*, aux poitevines, fig. 9 ; *cunéiformes*, aux limousines, fig. 15; enfin *scutiformes*, qui correspondent aux carrésiennes, fig. 11.

Lorsque l'écusson est en forme de lyre, en lisière ou en équerre, et qu'il a tout son développement, les vaches donnent de 15 à 25 litres de lait, ou même 30, 35, selon leur taille et leurs qualités laitières. Les meilleures parmi les autres catégories ne dépassent guère 20, 24 litres. Il est même très-rare que celles dont l'écusson est pointu, en coin, ou coupé carrément, en bouclier, dépassent 18, 20 litres.

Quelle que soit la figure des écussons, la quantité de lait qu'ils expriment diminue en même temps que leur étendue : si une vache dont l'écusson serait représenté fig. 4, donnait 30 litres de lait par jour, elle n'en donnerait que 18, 16, 10, 8 au plus, avec l'écusson des figures 13, 14, 22, 24.

C'est d'après les réductions des écussons, qu'on a subdivisé les classes en ordres. Mais comme il n'est pas possible de distinguer les degrés de cette diminution, cette division est encore plus arbitraire que la première. On pourrait tout aussi bien faire douze ordres ou seulement quatre que huit, entre l'écusson de la fig. 4 et celui de la fig. 24.

Nous diviserons les vaches, d'après la quantité de lait qu'elles donnent, en quatre classes: les *très-bonnes*, les *bonnes*, les *médiocres* et les *mauvaises*.

M. Dufay, un des plus zélés agronomes du Midi et grand partisan du système Guenon, nous faisait observer qu'il est impossible d'établir une ligne de démarcation entre nos classes.

Nous répondrons d'abord que cette classification, fondée sur l'ensemble des signes qui font reconnaître les qualités laitières, n'est pour nous qu'une occasion de résumer l'indication des signes que nous venons d'apprécier. Nous demanderons ensuite s'il est possible d'établir une ligne de démarcation entre les classes basées exclusivement sur la forme et l'étendue de l'écusson; s'il serait possible d'en établir une entre les flandrines et les liserines-flandrines, par exemple?

Les auteurs peuvent être excusables de mutiler les plans de la création quand une classification est nécessaire pour seconder notre faible intelligence; mais quelle raison de rompre l'admirable simplicité des œuvres de la nature quand les classifications sont inutiles, ne servent qu'à embarrasser notre mémoire, et à nous donner des idées fausses sur les objets que nous classons ?

§ I. — Vaches très-bonnes.

On rangera dans cette classe les vaches dont les deux parties de l'écusson, la mammaire et la périnéenne, sont larges, continues, unies, recouvrent au moins une grande partie du périnée, le pis, la face interne des cuisses, s'étendent plus ou moins sur les jambes, fig. 2, 3, 4, 5, 6, 7, et n'offrent pas d'interruption ou n'en offrent que de petites, de forme ovale, et situées sur la face postérieure du pis, fig. 3, 4, 6.

Tel que nous l'indiquons, l'écusson se remarque sur la plupart des très-bonnes vaches ; mais on le trouve aussi sur des bêtes qui sont à peine bonnes, et doivent être rangées dans la classe suivante.

Mais on pourra considérer comme très-bonnes, comme donnant autant de lait que le comportent leur taille, leur nourriture et les circonstances hygiéniques dans lesquelles

elles se trouvent, les vaches qui présentent les caractères suivants, l'écusson ne fût-il pas très-développé :

Veines du périnée grosses, variqueuses, visibles à l'extérieur, pl. II, III, ou que l'on rend facilement visibles en les comprimant à la base du périnée; veines du pis grosses, noueuses, pl. I, II, III; veines lactées grosses, souvent doubles, égales des deux côtés, et formant des zigzags sous le ventre, fig. 1.

Aux signes fournis par les veines et par l'écusson s'ajoutent les caractères qui suivent : pis homogène, très-volumineux, mais souple, diminuant beaucoup par la mulsion et couvert d'une peau mince et de poils fins;

Bonne constitution, poitrine ample, appétit régulier, grande propension à boire. Vaches plutôt maigres que grasses;

Peau mince, souple; poil court, doux; tête petite, cornes fines, blanches, œil vif, regard doux, air féminin, encolure grêle.

La vache, pl. I, II, qui donne 40 litres de lait par jour, offre un bel exemple de cette classe : bassin ample, hanches écartées, pis, veines et écussons très-développés.

Les vaches de cette classe sont très-rares;

elles donnent, les petites, de 12 à 15 litres de lait par jour, et les plus fortes, de 20 à 30, et même davantage. Fraîches vêlées, après quelques vêlages, nourries avec des fourrages bons, salubres, aqueux, abondants et bien appropriés à la sécrétion du lait, elles peuvent en fournir jusqu'à 1 litre par 500 grammes de bon foin ou l'équivalent d'autre nourriture qu'elles consomment.

Elles gardent le lait très-longtemps ; les meilleures ne tarissent pas : si l'on continue de les traire, elles donnent, jusqu'au moment du vêlage, 10, 12, 15 litres de lait par jour. La vache hollandaise, pl. I, II, en donnait encore 25 litres, un an après la mise bas.

Dans les vacheries, les meilleures vaches rendent un litre et demi de lait pour chaque kilogramme de foin qu'elles consomment ; mais, en moyenne, les vaches laitières ne donnent qu'un litre de produit pour deux kilogrammes, et quelquefois plus, de foin.

Ce faible rendement annuel dépend de la nature des fourrages, de la composition des rations, et aussi des vaches rarement très-bonnes. Les nourrisseurs des villes et les cultivateurs de quelques campagnes auraient tout intérêt à accroître la sécrétion des mamelles ; mais l'amélioration des vaches, à ce point de vue, n'aurait pas cependant pour l'intérêt général l'avantage que lui attribuent quelques personnes; car la production du lait ne pourrait être augmentée qu'en diminuant la valeur du fumier et la quantité de la viande, qui a bien aussi son importance.

§ II. — Vaches bonnes.

Les meilleures vaches qu'on trouve dans le commerce et chez les nourrisseurs des villes appartiennent à cette classe.

Elles présentent la partie mammaire de l'écusson bien développée, mais elles ont la partie périnéenne resserrée ou nulle, fig. 8 et 11 ; ou bien les deux parties de l'écusson médiocrement développées ou légèrement échancrées, fig. 9, 10. Les fig. 12, 13, 14, 15 appartiennent aussi à cette classe par l'écusson inférieur, mais elles dénotent des vaches qui, comme l'indiquent les écussons supérieurs s s s, gardent le lait moins longtemps quand elles ont été fécondées de nouveau.

Ces caractères, quoiqu'on les remarque sur beaucoup de bonnes vaches, ne doivent être considérés comme certains que lorsque les veines du périnée forment, sous la peau, un réseau qui, sans être très-apparent, se sent à la pression ; que les veines abdominales sont bien développées, quoique paraissant moins noueuses, moins saillantes que dans les vaches de la première classe; enfin, lorsque le pis est bien développé et présente des veines qui sont assez nombreuses, sinon très-grosses.

Il faut donc, comme dans la classe précédente, se méfier des vaches chez lesquelles l'écusson n'est pas accompagné de grosses veines. Cette remarque s'applique surtout aux vaches qui ont déjà fait plusieurs veaux et qui sont dans la force du lait; elles sont médiocres ou mauvaises, quelle que soit l'étendue de l'écusson, si les veines du ventre ne sont pas grosses et celles du pis apparentes.

Les caractères généraux qui tiennent aux formes, à la constitution, réunissent, moins que dans les vaches de la classe précédente, les signes d'une bonne santé, d'une excellente constitution, à ceux d'un air doux et d'une physionomie féminine.

Les vaches petites de cette classe donnent de 8 à 12 litres de lait par jour, et les plus grandes de 15 à 20. Elles peuvent en donner jusqu'à trois quarts de litre par 500 grammes de foin qu'elles consomment, quand elles sont fraîches vêlées, bien soignées, nourries abondamment et avec des aliments favorables à la sécrétion du lait.

Elles conservent le lait longtemps quand elles n'ont pas d'épis. Au septième et au huitième mois de la gestation, elles donnent 6, 8, 10 litres par jour.

§ III. — Vaches médiocres.

Lorsque l'écusson ne présente absolument que la partie mammaire peu développée ou échancrée, et la partie périnéenne resserrée, étroite, irrégulière, fig. 16, 17, 18, 19, 20, 21, les vaches sont médiocres.

Le pis est peu développé ou dur, et diminue très-peu par la traite. Les veines du périnée ne sont pas apparentes, et celles qui longent les parois inférieures de l'abdomen sont petites, droites, quelquefois inégales : alors l'écusson n'est pas symétrique, et la vache donne plus de lait du côté où la veine est plus grosse.

Ces vaches ont souvent la tête forte, la peau

épaisse, roide. Ordinairement en bon état et même grasses, elles sont belles et paraissent bien conformées. Beaucoup sont chatouilleuses et se défendent quand on les approche.

Les vaches de cette classe donnent, selon leur taille, 4, 5, 10, 12 litres de lait. Elles en fournissent bien rarement, même étant placées dans les meilleures conditions, un demi-litre pour chaque 500 grammes de foin qu'elles consomment.

Ce liquide diminue rapidement et tarit vers le quatrième ou le cinquième mois de la gestation.

§ IV. — Vaches mauvaises.

Ordinairement en bon état, grasses, ces vaches sont les plus belles des étables et des marchés; elles ont les cuisses charnues, la peau épaisse, dure, l'encolure forte, la tête grosse, les cornes volumineuses à la base.

Le pis est dur, petit, *charnu*, couvert d'une peau à poils longs, rudes. On n'aperçoit des veines ni sur le périnée, ni sur le pis; celles de l'abdomen sont très-peu développées, et les écussons sont ordinairement très-peu étendus, fig. 22, 23, 24.

Avec ces caractères, les vaches ne donnent que quelques litres de lait par jour, et tarissent peu de temps après la mise bas; quelques-unes peuvent à peine nourrir leur veau, même quand elles sont bien soignées et bien nourries.

Des états maladifs, des affections chroniques des organes digestifs, de la poitrine, de la matrice et des mamelles nuisent quelquefois beaucoup à la sécrétion du lait, et font descendre de la première ou de la deuxième classe dans la troisième, et même dans la quatrième, les vaches qui en sont affectées.

CHAPITRE V.

Durée de la lactation et qualités du lait.

§ I. — Signes qui font reconnaître la durée de la lactation.

La durée de la lactation est en rapport avec l'activité de cette fonction. Les vaches qui donnent le plus de lait, nous venons de le voir, sont celles qui le gardent le plus longtemps; de sorte que, si on n'aperçoit aucun signe particulier, on peut apprécier la durée du lait par les signes qui en font connaître la quantité. On se trompe rarement.

Mais quand les épis existent, fig. 12, 13, 14, 15, 16, ils indiquent que les vaches perdront leur lait rapidement. M. Guénon s'expliquait mal quand il disait, 1re édition de son livre : « Les épis formés par le contre-poil à droite et à gauche de la vulve correspondent au réservoir du lait placé dans l'intérieur de la bête, et qui est toujours dans un rapport admirable avec ces épis. » C'est le contraire qui a lieu. Ces épis indiquent que les vaches sont mauvaises, qu'elles perdent le lait plus rapidement que les autres quand elles ont été fécondées de nouveau. Elles le perdent d'autant plus vite, que ces épis sont plus étendus ; du moins c'est ce qu'on observe le plus souvent, car la valeur des épis, comme celle des écussons, présente de nombreuses exceptions.

Si nous avons observé quelques vaches qui avaient des épis bien développés, et qui gardaient le lait peu de temps, nous en avons vu qui le perdaient aussi, et qui, cependant, ne présentaient aucun signe qui pût faire pressentir ce défaut.

Nous devons cependant ajouter que nous

n'avons jamais remarqué aucune vache, très-bien marquée quant aux veines, qui ne gardât pas le lait. De sorte que, nous le répétons, on peut considérer les signes d'une lactation abondante comme annonçant aussi une lactation de longue durée.

M. Guénon appelle *bâtardes* les vaches qui perdent le lait après avoir été fécondées.

§ II. — Signes qui font reconnaître les qualités du lait.

Les qualités du lait dépendent beaucoup de la qualité des aliments, du temps qui s'est écoulé depuis la mise bas, et du moment de la traite. A chaque traite, et pendant toute la durée de la lactation, celui qu'on tire en commençant de traire est plus aqueux que celui qu'on obtient en finissant. On remarque aussi que le lait s'améliore en séjournant dans ses réservoirs, et que les vaches qui sont traites une, deux fois par jour, le donnent meilleur que celles qui sont traites deux, trois fois dans le même espace de temps.

Immédiatement après le part, le lait est toujours aqueux, et il est d'autant meilleur qu'il est plus *vieux*, que la vache est plus éloignée de l'époque de la mise bas. Mais si le beurre des vaches qui ont vêlé depuis peu n'est pas abondant, il est de bonne qualité. Dans quelques grandes vacheries de la Normandie, on cherche à avoir constamment des vaches fraîches vêlées : le beurre qu'elles fournissent améliore celui des autres vaches.

On remarque aussi, en étudiant l'influence des aliments, que les qualités du beurre sont loin d'être en rapport avec la quantité de ce produit. Les plantes vertes au printemps le rendent fin, de bonne nature, en même temps qu'elles augmentent la partie aqueuse du lait : les principes odorants qu'elles renferment lui donnent un goût exquis qui le fait rechercher.

Toutes les causes qui font varier la quantité du lait, le travail, les boissons, la transpiration cutanée, en modifient aussi la composition et, partant, les qualités. En général, les vaches qui transpirent peu et donnent beaucoup de lait, le donnent moins bon.

Le tempérament exerce une grande influence sur les qualités du lait, car de plusieurs vaches placées dans les mêmes conditions apparentes, nourries de la même manière, les unes donnent du lait meilleur que les autres; mais les causes qui déterminent ces variations sont inconnues, et nous ne pouvons indiquer aucun signe qui en fasse connaître les effets d'une manière certaine.

Cependant, d'après M. Guénon, il existe un rapport entre la composition du lait et l'état de la peau qui recouvre le périnée : une peau douce, moelleuse, de couleur indienne, jaune safranée, laissant tomber quand on la frotte une poussière fine jaunâtre; un poil fin, souple, fourré, indiqueraient un lait de bonne qualité, riche en beurre. « Nous avons eu occasion de voir plusieurs fois, dit l'honorable M. Evon, des vaches bien marquées, mais dont la partie supérieure de la marque était bordée de poils grossiers et épais qui donnaient beaucoup de lait, mais peu riche en crème, quoiqu'elles fussent nourries comme leurs voisines. »

Quelques habiles nourrisseurs de Paris considèrent une côte fine, mince, comme le signe d'un mauvais lait.

Nous ne savons encore rien de positif sur ce sujet bien digne d'occuper l'attention des observateurs.

Nous ne connaissons qu'un moyen d'apprécier les qualités du lait, c'est de l'examiner : le bon lait est d'un blanc très-légèrement jaunâtre et assez consistant : on peut en apprécier la consistance en le versant sur un corps solide en petites gouttes. D'un blanc bleuâtre et très-limpide, le mauvais se répand en nappes minces quand on le verse.

Quelques personnes ont l'organe du goût assez développé pour apprécier le lait en le dégustant.

La poussière qui adhère au périnée et même au bout de la queue indique, d'après quelques auteurs, par son onctuosité, sa finesse, sa couleur jaune, que le lait est butireux et de bonne qualité.

La nature de la poussière enlevée sur la peau et l'état d'embonpoint des vaches pourront fournir un jour des indications sur les quantités de beurre contenu dans le lait; mais la science a besoin de faire encore sur ce sujet de nouvelles observations.

CHAPITRE VI.

Choix des reproducteurs pour produire de bonnes vaches laitières.

Il est plus difficile de choisir des reproducteurs pour procréer de bonnes vaches à lait, que de choisir de bonnes laitières ; car il faut que les reproducteurs possèdent, comme les bonnes vaches, des qualités bien développées, et, de plus, qu'ils aient la faculté de transmettre ces qualités à leurs descendants. Or, cette dernière condition n'est indiquée par aucun signe connu : nous pouvons avoir seulement des probabilités que les animaux la possèdent : d'abord en employant les animaux à titre d'essai ; mais malheureusement, pour les taureaux du moins, il faut les réformer avant que l'expérience ait permis d'apprécier leurs descendants ; ensuite, par une appréciation particulière des signes que nous venons de passer en revue.

Il est inutile de revenir sur ces signes pour les vaches, mais nous ajouterons que le taureau destiné à procréer des vaches laitières doit présenter les caractères qui, dans la femelle, indiquent une grande activité des mamelles : finesse dans les formes, souplesse de l'organe cutané, moelleux du poil, écusson étendu, mamelons développés.

Les caractères fixes des races, si importants pour le choix des laitières, doivent surtout être pris en très-grande considération dans le choix des reproducteurs.

Une vache d'une famille ou même d'une race mauvaise pour le lait peut, par exception, être excellente laitière, et cela suffit si on ne veut pas en tirer race ; mais il ne conviendrait pas de la faire reproduire, car elle aurait peu de puissance pour transmettre les qualités exceptionnelles qu'elle possède ; tandis que la vache, dont les qualités forment un caractère fixe, constant de la famille, les communiquera à ses descendants presque avec certitude.

Ces considérations sur la race et la généalogie s'appliquent au choix du mâle. On recherchera donc un taureau réunissant, aux caractères qui, dans la vache, indiquent une abondante lactation, les conditions généalogiques dont nous venons de parler ; car l'expérience démontre que le père transmet comme la mère les qualités lactifères qui distinguent la race et la famille.

Une vache n'ayant aucun signe des bonnes laitières, fût-elle excellente, ne doit donc être employée à produire des élèves qu'avec une extrême réserve ; car il est à craindre que ses produits, mâles et femelles, n'héritent pas des qualités exceptionnelles qu'elle possède, et, ressemblassent-ils à leur mère, ils seraient toujours d'une vente difficile et peu avantageuse, parce qu'ils ne posséderaient pas les caractères qu'on recherche aujourd'hui, sur les marchés, dans les bêtes à lait. Il ne suffit pas, pour l'éleveur qui veut vendre ses produits, que les animaux possèdent des qualités, il faut encore que ces qualités se manifestent à l'extérieur par les signes que nous connaissons.

M. Lefebvre-Sainte-Marie dit avec raison, dans un rapport au ministre de l'agriculture, en parlant de l'hérédité des écussons : « La nature nous permet peu de la réglementer. » Nous ajoutons qu'il faut nous borner à observer sa marche, nous étudier à connaître les lois immuables qu'elle s'est tracées, et nous placer dans des conditions telles que ses lois nous soient favorables.

Toutefois, il ne faudrait pas croire, comme on le dit souvent, que la nature est capricieuse ou que le hasard préside à ses opérations, parce qu'il nous serait quelquefois difficile d'expliquer ses œuvres! Sa marche est uniforme et son plan toujours savamment coordonné, mais ses moyens sont nombreux et ses produits variés.

Pour expliquer les variations dans l'hérédité des qualités laitières, n'oublions pas que ces qualités ne se remarquent pas dans les vaches sauvages, qu'elles se produisent lorsque l'homme sait — par un régime particulier, par l'action de traire, par l'éloignement des sexes, etc., — faire agir certaines forces naturelles plutôt que d'autres; mais qu'elles tendent à disparaître aussitôt que ces forces — la nature du sol, les caractères du climat, les propriétés des plantes, le tempérament des vaches — agissent selon le plan primitif de la création; de sorte que les variations, que nous considérons comme des jeux de la nature, sont des preuves irréfutables de l'uniformité de ses œuvres!

C'est en observant soigneusement les animaux, en tenant note avec exactitude de leurs qualités et de leurs défauts, pendant plusieurs générations, en remarquant les circonstances dans lesquelles les individus sont procréés, élevés et entretenus, que nous pourrons nous rendre compte de ce qui nous paraît un jeu, un caprice de la nature. Il sera facile alors de dire 1° pourquoi un taureau, accouplé avec la même vache, a pu donner trois produits ayant des qualités différentes; 2° de nous tracer les règles à suivre pour obtenir à peu près constamment des produits de première qualité.

L'expérience nous prouve que les caractères qui se transmettent avec le plus de certitude tiennent aux organes les plus importants de la vie : ainsi, les formes des viscères, du squelette, varient à peine, non-seulement dans les races des mêmes espèces, mais encore dans les diverses espèces des mêmes genres; tandis que ceux dont la transmission, si incertaine, semble tenir à un caprice de la nature, sont formés par des organes superficiels, par la peau, les cornes, l'état du poil, etc.

Mais ce sont surtout les caractères, en quelque sorte artificiels, produits sous l'influence de la domesticité, et souvent plus nuisibles qu'utiles à la santé des animaux, qui varient le plus communément; ils changent, non-seulement selon les races d'une même espèce, mais aussi selon les divers individus d'une même race, d'une même sous-race, et souvent d'une même famille.

Rappelons-nous ces principes élémentaires d'histoire naturelle, de physiologie, et nous comprendrons pourquoi des vaches, des taureaux bien marqués, quant aux écussons, ont donné naissance à des produits qui ne leur ressemblaient pas. Comme le dit encore M. Lefebvre-Sainte-Marie, l'influence des écussons est bien faible dans l'acte de la reproduction.

A ce point de vue, ce signe n'est presque rien en lui-même. Il tient à l'état du poil, à une particularité des plus fugaces, à ce qui est le moins héréditaire dans les animaux. Il n'a de la valeur, comme signe de bons reproducteurs, que s'il est *appuyé* sur des caractères d'un ordre supérieur par leur fixité, — squelette plus ample, reins doubles, croupe large, vaisseaux sanguins développés. Si, pour une vache à lait, les signes locaux, l'écusson en particulier, ont beaucoup plus de valeur que les signes généraux, il n'en est pas de même pour les reproducteurs.

Du reste, plus la corrélation entre ces signes sera manifeste, c'est-à-dire plus la faculté laitière sera liée à l'état général des animaux, plus les chances de transmission seront grandes; et quand nous ne choisirons, pour la reproduction, que des animaux offrant le double caractère de force générale et d'activité de l'appareil mammaire, que nous placerons les produits dans de bonnes conditions, nous en aurons rarement de mauvais.

CHAPITRE VII.

Connaissance de l'âge dans les bêtes à cornes.

On reconnaît l'âge des bêtes bovines par l'examen des dents et des cornes.

1° *Par les dents.* Le bœuf a trente-deux dents, vingt-quatre molaires, douze à chaque mâchoire, six de chaque côté et huit incisives à la mâchoire inférieure. A la place des incisives on trouve, à la mâchoire supérieure, un bourrelet fibro-cartilagineux dur et résistant.

Comme dans le cheval, la dent est formée

d'un ivoire qui, dans les dents vierges, recouvre la totalité de l'organe d'une matière osseuse moins dure, placée à l'intérieur, mais qui apparaît aussitôt qu'une partie de l'ivoire est usée; l'extérieur des dents est recouvert d'une couche de tartre qui présente assez souvent un reflet métallique.

Les incisives distinguées, pl. VIII, fig. 35 en *pinces* P, en *premières mitoyennes* M, en *secondes mitoyennes* S, et en *coins* C, servent seules à la connaissance de l'âge. Larges, aplaties, elles ressemblent à des pelles dont la racine ou partie implantée formerait le manche, fig. 28. La partie libre offre deux faces : l'une, *inférieure*, convexe, lisse et presque unie ; l'autre, *supérieure* ou *postérieure*, correspond à l'intérieur de la bouche. C'est la seule qui soit représentée dans la planche VIII ; elle offre des rainures longitudinales, inégales, peu profondes, fig. 28.

L'usure de la dent se fait principalement par le bord qui sépare les deux faces. Tranchant dans la dent vierge, ce bord s'use en biseau, suivant les lignes o, o′, o″, fig. 29, plus ou moins obliquement, selon les animaux ; il se forme une troisième face, d'abord étroite et très-oblique, mais qui s'élargit et devient plus horizontale à mesure que la dent s'use. Toujours plus ou moins concave, parce que la partie osseuse intérieure de la dent est moins dure que la couche d'émail, cette face représente, dans les animaux âgés, une table semblable à celle des dents du cheval.

On y remarque au centre un espace appelé *étoile dentaire*, qui correspond à la cavité par laquelle la dent recevait sa nourriture. Cet espace, circonscrit par une ligne plus blanche, est d'abord allongé de droite à gauche, ensuite carré, et enfin rond, fig. 31, 37; mais ces changements s'opèrent d'une manière trop irrégulière pour être utilement consultés.

Les dents servent à la connaissance de l'âge par leur éruption et leur usure ; les premières qui apparaissent sont appelées *dents de lait*, fig. 30 et 32 L. On nomme *persistantes* celles beaucoup plus grandes qui les remplacent, fig. 32 P.

A la naissance, le veau a souvent des dents incisives, et il les a toutes à 25 ou à 30 jours. Ce n'est cependant qu'à 6 mois que le développement des coins est terminé, fig. 30.

Les dents de lait écartées, surtout les pinces, s'usent d'une manière très-inégale, selon la nourriture que consomment les animaux ; mais de 12 à 18 mois, elles deviennent généralement comme des chicots en commençant par les pinces, et plus tôt dans les animaux qui pâturent des plantes dures, terreuses : la partie aplatie disparaît, fig. 31.

A 18 mois, 2 ans, elles sont déchaussées, vacillantes, et les pinces tombent pour être remplacées par les pinces persistantes, fig. 32. Ces dernières sont d'abord enveloppées complétement dans l'émail, qui ne tarde pas à s'user le long du bord libre.

A 2 ans 1/2, 3 ans, les premières mitoyennes persistantes poussent ; l'usure de l'émail s'étend sur les pinces, fig. 33.

A 3 ans 1/2, 4 ans, les secondes mitoyennes apparaissent, et l'usure devient plus large dans les premières mitoyennes et les pinces, fig. 34.

A 4 ans 1/2, 5 ans, les coins sortent et sont encore frais, tandis que l'usure des dents qui les ont précédées, est très-sensible, même sur les secondes mitoyennes, fig. 35.

A 2 ans, l'animal a 2 dents d'adulte ; à 3 ans, 4 ; à 4 ans, 6 ; et à 5 ans, 8. *Il a tout mis.*

A 6 ans, les coins ont acquis tout leur développement ; le bord tranchant de toutes les incisives, qui sont d'autant plus grandes qu'elles sont plus rapprochées du milieu, est disposé en arc de cercle régulier; on dit que *la mâchoire forme le rond.*

La largeur de la face qui se forme contribue à faire connaître l'âge en indiquant le degré d'usure des dents.

A 7, 8, 9 ans, cette face devient de plus en plus large et concave, d'abord sur les pinces, et successivement sur les mitoyennes et les coins. L'arc de cercle formé par l'ensemble des dents, s'efface à mesure que les dents se raccourcissent; celles du milieu, en raison de leur frottement plus considérable, s'usant plus rapidement que les autres, deviennent proportionnellement plus courtes.

A 10, 11 ans, les mêmes phénomènes sont plus apparents. La face représentée par la partie frottante est devenue carrée, étroite, épaisse par la disparition de la partie de la dent qui est au-dessus de la ligne o'', fig. 29. L'étoile dentaire est carrée et apparente dans toutes les dents.

A partir de 12, 13, 14 ans, l'étoile dentaire devient ronde; les dents, réduites à la racine, sont éloignées les unes des autres et le deviennent toujours de plus en plus Elles sont petites, cylindriques, usées, décharnées et séparées par un large espace, fig. 37. Souvent il en manque.

La sortie des dents est le seul phénomène régulier, et encore dans les races précoces et les animaux bien nourris, elle devance de 8, 10, 15 mois l'époque ordinaire.

L'usure varie beaucoup, selon la nourriture que consomment les animaux, de sorte que les indications qui suiveut six ans sont très-incertaines.

2° *Par les cornes.* Les cornes à 1 an sont coniques, presque droites, à surface terne et unie, mais avec un léger sillon circulaire à la base.

A 2 ans, elles sont plus longues, souvent un peu contournées, et présentent à la base deux légers sillons.

A 3 ans, la pointe se dirige en arc, et l'on voit à la base un sillon beaucoup plus marqué que les deux premiers.

Ce sillon est même le seul qu'on remarque plus tard ; aussi a-t-on l'habitude de dire que le premier sillon des cornes marque 3 ans.

A 4 ans, il s'en forme un second, à 5 ans un troisième, à 6 ans un quatrième, etc.

Les deux premiers disparaissent à 5, 6 ans.

Pour avoir l'âge des vaches par l'examen des cornes, il faut donc noter les cercles qui sont à la base de ces organes, et compter le plus rapproché de la pointe pour trois; ainsi, s'il y en six, fig. 38, la vache aura 8 ans; trois pour le premier cercle, et un pour chacun des autres.

Vers 8, 9, 10 ans, la corne devient cylindrique au lieu de conique qu'elle était, et plus tard elle est même plus mince à la base qu'au milieu.

En même temps que la forme change, les cercles tendent à se confondre, surtout si les animaux travaillent au joug. Les signes fournis par ces organes sont très-incertains.

Après 12, 13 ans, les cornes sont souvent retournées au sommet et minces, rugueuses à la base; il est difficile de distinguer les cercles.

Il arrive souvent qu'on lime, qu'on râcle les cornes avec du verre ou un instrument tranchant, pour effacer les cercles, raccourcir les cornes et faire paraître les vaches plus jeunes.

CHAPITRE VIII.

Nourriture des vaches laitières.

La nourriture exerce une grande influence sur la production du lait et forme la dépense principale de l'entretien des vaches laitières. On ne saurait donc trop l'étudier, puisque d'elle dépendent, ou les bénéfices, ou les pertes d'une vacherie.

Les vaches laitières réclament une nourriture abondante, variée et de bonne nature, mais délayée dans une grande quantité d'eau ou naturellement aqueuse. Les aliments qui remplissent ces conditions sont nombreux, et pour en régler l'emploi, il faut avoir égard à leur valeur commerciale plus peut-être qu'aux effets qu'ils exercent sur les animaux qui les consomment.

1° *Nourriture d'été.* Il est avantageux de nourrir aussi longtemps que possible les vaches avec de l'herbe. Par la dessiccation, les plantes se brisent et perdent leurs parties les plus délicates et les plus nutritives; elles perdent aussi avec leur eau de végétation, des principes volatils, aromatiques, hydrogénés, qui contribuent à rendre le lait plus abondant, plus butyreux et le beurre plus suave. Plusieurs de leurs principes changent d'état: de liquides ou de mous ils deviennent secs, durs, moins faciles à digérer et moins nutritifs.

L'herbe est proportionnellement moins chère que le foin: en la faisant consommer verte, on évite les frais de fanage, de conservation, et les chances de voir le fourrage altéré par les pluies.

Toutes les plantes fourragères conviennent aux vaches laitières et, dès l'automne, il faut songer à en semer pour le printemps.

On leur distribue d'abord les fourrages précoces. La *vesce* et les céréales d'hiver sont les plus employées dans les environs de Paris. La première, toujours fort recherchée par les vaches, produit une grande quantité de lait quand elle est encore tendre, aqueuse; mais plus avancée, elle nourrit davantage et pousse plutôt à la production de la graisse.

Le *seigle* est très-précoce, donne beaucoup de produit: ce serait une excellente culture, s'il ne devenait trop tôt dur, coriace. L'*orge* et le *blé* surtout, que les animaux prennent avec plaisir, même quand il est en épi, n'ont pas cet inconvénient, et font à cause de cela *plus de profit* : on ne doit semer du seigle que pour en avoir avant la pousse des autres fourrages.

Les coupes de *luzerne*, de *sainfoin* viennent ensuite ; le *trèfle* est plus tardif. Le sainfoin est le plus nourrissant, mais seul, il est inférieur au mélange de ces trois légumineuses.

L'avantage de nourrir avec du vert engage les nourrisseurs à faire des coupes précoces de luzerne ; c'est une bonne pratique. La première coupe rend moins, mais la seconde fait compensation. Nous avons souvent vu récolter un bon regain, là où la luzerne avait été fauchée prématurément, tandis que, à côté, la pousse de l'herbe avait été complétement arrêtée par la sécheresse.

Ce regain précoce a l'avantage de ressembler à de la luzerne première coupe ; il est, à cause de cela, préférable au regain tardif, souvent trop tendre. En outre, on peut le faucher dans un moment où le vert est souvent rare ; le regain ordinaire n'a pas encore poussé, et les fourrages du printemps qui ne réussissent pas toujours viennent plus tard.

Les fourrages d'été, la *vesce*, la *gesse*, les *pois*, le *maïs* surtout, les *millets*, s'ils étaient mieux connus, pourraient, en se combinant avec les coupes de trèfle et de luzerne, conduire à la fin de l'automne.

Nous mentionnons seulement les *navets* laissés sur terre pendant l'hiver, le *colza*, la *patience des jardins*, la *consoude à feuilles rudes*, la *moutarde blanche*, la *chicorée sauvage*, les *feuilles* de plusieurs arbres. Les premières de ces plantes sont remarquables par leur précocité, et quelques-unes par l'abondance de leurs produits. Cultivées près des habitations, elles peuvent, dans les campagnes, être fort utiles. Les feuilles d'arbres, les *fanes de carottes*, de *betteraves* rendent également des services dans les temps de sécheresse; mais il faut avoir soin, pour ne pas nuire à la récolte des racines fourragères, de n'enlever que les feuilles qui commencent à se faner.

Autant que possible, on variera la nourriture. Les vaches mangent toujours davantage quand elles reçoivent des fourrages divers, et donnent un produit plus abondant et de meilleure qualité.

Les nourrisseurs de Paris font bien rarement

6

consommer l'herbe seule. Non-seulement ils continuent l'usage de la paille, de la recoupette et du remoulage, pour engager à boire, mais quelques-uns donnent, en même temps que l'herbe, de la drèche et des tourteaux. Nous en avons vu qui, pour prévenir le relâchement, même passager des vaches, et la diminution du lait qui en est la conséquence, ne donnaient qu'un repas de vert par jour.

Dans tous les cas, on prendra les précautions convenables pour ménager la transition. Le passage subit de la nourriture sèche au vert donne la diarrhée, affaiblit les vaches, et peut diminuer pour longtemps le rendement.

C'est quand elles ont une consistance moyenne, que les plantes conviennent le mieux : à l'époque ou peu après la floraison ; plus tôt elles sont trop aqueuses, plus tard elles sont dures et donnent moins de lait. Celles à tige grosse sont même refuseés par les vaches si elles sont trop avancées.

Quand les plantes ont beaucoup de vigueur et qu'elles sont tendres, il est avantageux de les couper quelque temps avant de les distribuer. Légèrement fanées, elles nourrissent mieux et déterminent moins souvent des indigestions; mais il faut avoir soin de les étendre pour prévenir l'échauffement.

En prenant les précautions que nous venons d'indiquer, il n'y a aucun inconvénient à donner le vert à discrétion, à condition qu'on l'administrera peu à la fois et souvent. Il serait fort difficile de fixer exactement les rations. Le regain de luzerne, par exemple, nécessaire pour nourrir une vache, peut varier du simple au double, selon la nature du terrain où il a végété, et selon que les pluies ont été plus ou moins fréquentes. Ainsi, 35, 40 kilog. fauchés sur un sol léger après une longue sécheresse, nourrissent aussi bien que 70, 80 kilog. quand la plante est très-aqueuse, qu'elle a toute sa vigueur.

2° *Nourriture d'hiver.* Le *regain* est par excellence le foin des vaches laitières. La *paille d'avoine* est celle qu'on leur donne le plus communément. Celle *de blé* qui a servi de litière aux chevaux, est moins utilisée qu'anciennement, quoique les vaches la mangent avec plaisir. Ni le foin ni les pailles ne doivent cependant former la base de la nourriture : le premier, parce qu'il est trop cher; les autres, parce qu'elles sont trop peu nourrissantes et qu'elles ont, principalement celles d'*orge* et de *seigle*, le grave inconvénient de rendre le lait amer.

Les *menues pailles*, les *gousses des légumineuses*, les *siliques des crucifères*, sont riches en principes nutritifs, et propres à remplacer le foin et la paille quand ces fourrages sont à haut prix. Mais il conviendrait de les administrer après une courte macération dans l'eau, mélangées avec du son, ou mieux, avec des racines ou des tubercules cuits et délayés.

Les *betteraves* qu'on donnait, il y a quelques années, à la dose de 25, 30 kilog. par jour et par tête, sont administrées aujourd'hui généralement en moindre quantité. On leur reproche de *faire trop de sang* et de produire la maladie de poitrine. Du reste, on les considère comme très-bonnes pour le lait. On préfère chez presque tous les nourrisseurs la variété jaune; on dit que la blanche nourrit trop et que la disette est ou devient creuse, coriace, filandreuse. Elle a cet inconvénient quand elle est très-grosse: le sommet en est dur, presque ligneux.

On donne aussi les *navets*, les *carottes*, les *pommes de terre*. Les carottes, bien recherchées par les vaches, donnent un lait de bonne nature, mais sont rarement usitées; les pommes de terre sont employées crues dans les laiteries; cuites, elles poussent davantage à l'engraissement, mais fournissent moins de lait.

Quelques nourrisseurs ont fait construire des fosses pour conserver la *drèche*, ou résidu de la fabrication de la bière. Ils en font provision à l'époque favorable, et en donnent toute l'année. La drèche pousse à la production du lait, mais d'un lait aqueux.

On compte à Paris que 70 kilog. d'orge germée et écrasée, produisent un hectolitre et demi de drèche (un setier). Mais si l'orge a été très-bien écrasée, elle est plus profondément altérée par la fermentation, et donne moins de résidu et un résidu moins nutritif, que si une partie des grains étaient restés entiers ou seulement aplatis. La drèche, de même que les issues, nourrit beaucoup moins qu'anciennement, à cause du perfectionnement apporté dans la fabrication de la bière. Il y a rarement avantage à en faire consommer, quand elle coûte plus de 2 fr. 50 c. le setier.

Les *tourteaux de colza* sont très-avantageusement utilisés pour la nourriture des vaches dans le département du Nord et à Paris. On les donne grossièrement pulvérisés, concassés, en gros grains et mêlés au son, à la drèche ou délayés dans l'eau. Quand les vaches y sont habituées, elles les mangent sans difficulté. Celles qui en consomment donnent du bon lait et un beurre fort estimé.

Il n'existe pas de nourriture plus économique que les tourteaux et la drèche : mais les vaches n'en prennent jamais de très-fortes quantités. C'est en mêlant ces résidus avec la recoupette, le remoulage ou en les donnant successivement avec ces issues, qu'on *pousse* en nourriture et qu'on obtient d'abondants produits en lait ou en graisse.

Les bonnes *issues*, disent les nourrisseurs de Paris, doivent former la base de la nourriture des vaches; elles doivent la former presque exclusivement, ajoutons-nous, quand les fourrages ordinaires sont chers.

Le *gros son* est réservé pour les chevaux. On donne aux vaches la *recoupette* et le *remoulage*. Ces produits, excessivement variés, sont aujourd'hui moins nutritifs qu'anciennement. Il faut les choisir avec soin et en étudier les effets sur la production du lait. C'est le seul moyen d'en apprécier la valeur et d'en fixer la ration.

Indépendamment des issues de blé qu'on donne comme *mangeaille*, seules ou mêlées à d'autres aliments (aux betteraves, à la drèche, aux tourteaux, etc.), on doit en ajouter à l'eau donnée en boisson. C'est même le *remoulage fin*, à la dose de 2 à 3 kilog. par jour et par tête, qui convient le mieux pour cette destination.

Les *féveroles* concassées peuvent également être données avec avantage aux vaches, car elles sont souvent, ainsi que quelques autres graines et même que certains grains, moins chères que le son, en proportion de leurs propriétés nourrissantes. On les donne sèches ou après un jour de macération dans l'eau. Nous avons vu le lait augmenter sensiblement sur plusieurs vaches, par suite de la substitution de féveroles macérées aux mêmes graines sèches.

L'influence favorable des aliments aqueux, ramollis, que nous avons signalée en parlant des féveroles, est encore démontrée par les bons effets des *aliments cuits* administrés en Allemagne, et des *soupes* que dans quelques parties de la France on donne aux vaches laitières depuis un temps immémorial. Nous mentionnons seulement l'usage des *eaux gras-*

ses, que quelques vaches prennent avec beaucoup d'avidité; du *petit-lait*, qui est très-favorable à la sécrétion des mamelles, mais qui n'est peut-être pas sans inconvénients au point de vue de la santé des vaches. Il faut l'utiliser, mais en surveillant ses effets.

La quantité de lait fournie par les vaches ne varie pas quand les aliments changent, pourvu que l'équivalent nutritif de la ration reste le même. Il n'en faut pas moins tenir compte de la nature des aliments et de leur état, car ce n'est pas ce qu'on mange qui nourrit, mais ce qu'on digère.

Quand on fait consommer des aliments durs, des graines, des grains entiers, dont une partie traverse le tube digestif sans être altéré; quand les aliments trop secs ne peuvent pas fournir les masses de liquide qui sont nécessaires pour former de grandes quantités de lait, les mamelles donnent un produit moins abondant que si l'on donne les mêmes aliments macérés, moulus et délayés dans de grandes quantités d'eau.

La *ration* des vaches peut être composée par jour et par tête, quand les fourrages sont à bas prix, de : regain, 5 kilog., une botte.

Paille d'avoine, 10 kilog., dont une partie sert de litière.

Recoupette, 4, 5 kilog., un boisseau.

betteraves, de 10 à 15 kilog.

Drèche, 5 à 8 litres.

Tourteaux de colza, 1 kilog. à 1 kilog. 1/2.

Remoulage fin, 2 litres avec la boisson.

Nous l'avons dit, les rations ordinairement distribuées sont plutôt déterminées par le prix des divers fourrages que par les besoins des vaches. Ainsi, lorsque le foin et la paille sont chers, on ne donne que demi-botte de regain. En 1842, 1843, quelques nourrisseurs avaient complétement supprimé la paille. Au moment où nous écrivons, avril 1853, nous en connaissons qui remplacent la botte de foin par environ trente litres de menue paille, qui coûtent 15 centimes.

Quelle que soit la ration, il faut toujours qu'elle renferme à peu près la même quantité de matière nourrissante. Sous ce rapport, elle ne saurait beaucoup varier sans nuire à la production du lait; mais il n'en est pas moins très-important, au point de vue économique, d'employer certaines substances plutôt que d'autres. Dans les années de cherté des fourrages, il peut y avoir, entre deux rations également nutritives et composées de substances qui se trouvent ordinairement dans le commerce, une différence de prix de 50 ou même de 75 centimes, par vache et par jour. C'est dans ces circonstances qu'il peut être avantageux de manipuler les fourrages, de les faire cuire, fermenter, ou macérer en les mêlant selon leur nature.

Les vaches font deux ou trois repas par jour. Ce qui importe le plus, c'est de leur distribuer leur ration avec beaucoup de régularité. Quand le repas est retardé, elles restent debout, se tourmentent, ne font pas de lait; il en est de même quand elles ont un aliment de moins à leur repas ; elles l'attendent, le cherchent, sont dans un état d'excitation nuisible à la sécrétion du lait comme à la production de la graisse.

3° *Influence de la quantité de nourriture.* Pour donner beaucoup de lait, les vaches ont besoin d'être abondamment nourries. Cependant le lait n'augmente avec la nourriture que jusqu'à une certaine limite, limite qui varie selon les vaches et la nature des aliments.

Une vache médiocre ou mauvaise donne à

peu près autant de lait, nourrie avec modération que très-bien nourrie. L'excès de nourriture se change en graisse, surtout s'il s'est écoulé un certain temps depuis la mise bas ; tandis que, dans les très-bonnes vaches, le lait augmente presque indéfiniment, et, si les aliments sont bien choisis, ils ne produisent de la graisse que lorsque les rations sont excessivement fortes, du moins pendant les cinq ou six premiers mois après le part.

A mesure que le lait vieillit, il tend à diminuer, surtout quand les vaches ont été conduites au taureau. Il faut alors, si on tient à les conserver, diminuer la ration pour prévenir l'engraissement, même dans les meilleures laitières.

Mais quand on livre à la boucherie les vaches dont le rendement diminue, au lieu de les faire porter, pour en renouveler le lait, on peut avoir intérêt à agir différemment, à nourrir moins bien les vaches fraîches vêlées que celles qui ont fait leur veau depuis longtemps : en modérant la ration des premières, on prévient les *chaleurs* et on retarde l'engraissement. La sécrétion des mamelles est moins active, mais elle dure plus longtemps.

Quelquefois même on craint, pour les vaches nouvellement achetées, la péripneumonie, et on cherche à la prévenir en nourrissant moins copieusement.

Dans tous les cas, quand on croit devoir diminuer la ration, il faut faire porter la diminution sur les aliments les plus substantiels, en changer une partie pour d'autres moins riches en principes nutritifs. Autant que possible, le poids de la ration restera le même, car il ne faut jamais diminuer à la fois et le volume de la ration, et la quantité de matière alibile.

L'influence de la ration varie, disons-nous, selon la nature des aliments. Quand on fait consommer des fourrages médiocres, secs, le lait n'augmente avec la ration qu'autant que les vaches sont mal nourries. Aussitôt que la nourriture est près de répondre aux besoins de l'économie, la quantité de lait varie très-peu, lors même que la ration est augmentée. Il faut des aliments de facile digestion et assez aqueux, sinon très-nutritifs, pour obtenir d'une vache tout le lait qu'elle peut produire. Et en outre on a l'avantage, en distribuant des aliments de cette nature, de pouvoir en donner aux vaches à discrétion sans qu'elles soient excessivement nourries.

Au point de vue de la production du lait, il n'y a intérêt à pousser les vaches en nourriture que lorsqu'elles sont très-bonnes laitières et peu aptes à s'engraisser, quand elles ont mis bas depuis peu de temps, et qu'on a des fourrages médiocrement nutritifs, de bonne nature cependant, mais plutôt aqueux que substantiels.

Au point de vue économique, il y a généralement avantage, comme l'a démontré avec détail M. Londel, à faire consommer les fourrages dont on dispose par un petit nombre d'animaux, lors même qu'on aurait moins de lait relativement à la nourriture consommée ; car les frais de traite, de pansage, etc., augmentent à mesure que les vaches deviennent plus nombreuses, et les pertes qu'on éprouve d'ordinaire sont en proportion du nombre d'animaux.

D'ailleurs, il y a toujours moins d'inconvénients à dépasser la ration qu'à ne pas l'atteindre. Des vaches qui ne mangent pas pour satisfaire leur appétit se tourmentent, regardent de tous les côtés, maigrissent et donnent peu de lait, tandis que les vaches très-bien nourries payent en graisse ce qu'elles ne payent pas en lait, quand on a la facilité de les vendre et de les remplacer à propos.

4° *Influence de la qualité des aliments.* La nourriture agit sur les qualités du lait, et en raison de l'eau qu'elle renferme, et en raison des propriétés spéciales qu'elle possède.

Une nourriture sèche donne un lait peu abondant, mais épais. La crème se sépare avec difficulté ; on peut en faciliter l'ascension par une douce température et en ajoutant un peu d'eau tiède au lait. Toutefois, il suffit d'engager les animaux à prendre plus d'eau en boissons pour remédier en partie à l'inconvénient dont nous parlons.

Si la nourriture est fortement aqueuse, pourvu que les vaches reçoivent la même quantité de matière alibile, le lait est abondant, mais il participe de la nature des aliments et il est relativement peu riche en beurre et en fromage.

Le lait provenant de fourrages aqueux peut compenser par des qualités particulières l'infériorité qui résulte d'une trop grande quantité d'eau. Celui des vaches qui pâturent dans les herbages a un goût exquis que les plantes ne donnent plus quand elles ont été desséchées.

Et il ne faudrait pas attribuer les qualités si unanimement reconnues au lait produit par les pâturages, au *lait du printemps*, à l'influence du grand air, de la promenade, de la liberté, car si la pâture est ombragée, humide, composée d'herbes de mauvaise qualité, soit à cause de leur nature, soit à cause des influences hygiéniques, le lait est non-seulement pauvre en crème et en caséum, mais encore dépourvu de cet arome suave qui le fait rechercher.

Les meilleures plantes produisent du mauvais lait quand on les administre seules et pendant longtemps, tandis qu'une nourriture variée, les plantes seraient-elles de médiocre qualité, donnent un bon produit.

On remarque l'influence des *propriétés spéciales* des aliments quand on donne des substances qui résistent aux forces digestives.

Tous les corps que l'estomac ne peut pas digérer, les *médicaments*, les *poisons*, certains produits des aliments, passent en nature dans le lait. On a même observé que les substances toxiques, prises à trop petite dose pour nuire aux vaches et aux chèvres, se retrouvent dans le lait en assez forte quantité pour communiquer à ce liquide des propriétés malfaisantes.

Les plantes à odeur suave : le *thym*, le *serpolet*, la *mélisse*, la *lavande*, la *marjolaine*, rendent le lait gras, butyreux et lui communiquent un goût agréable.

La matière colorante de la *garance* se retrouve dans le lait des vaches auxquelles on fait prendre cette racine colorée.

De même les plantes à amertume bien prononcée, l'*artichaut*, la *tanaisie*, l'*absinthe*, les *chardons*, etc., le rendent amer; celles à odeur forte, les *alliacées*, les *crucifères*, la *camomille*, les *arbres verts* lui communiquent l'odeur qui les caractérise après un usage de trois ou quatre jours.

En général, tout ce qui produit une irritation sur une partie du corps, sur la peau, les intestins, la vessie, la matrice, etc., comme les *purgatifs*, les *diurétiques*, le *vinaigre sternutatoire* versé dans le nez; tout ce qui affaiblit, les *fatigues*, les *saignées*, les *maladies*, les *sudorifiques*, diminue la sécrétion des mamelles.

5° *Boissons*. La sécrétion des mamelles altère les vaches, et elle est activée par des boissons abondantes. La soif et l'eau que prennent les vaches sont, dans cette circonstance, cause et effet. Il en résulte que les bonnes laitières boivent beaucoup. Mais il ne suffit pas qu'elles introduisent de grandes quantités d'eau dans les organes digestifs, il faut encore qu'elles ingèrent cette eau de manière à faciliter la digestion, à tenir constamment les aliments ramollis, les vaisseaux absorbants en activité et les veines remplies.

Des masses d'eau avalées à de longs intervalles ne sauraient remplir ce but ; elles distendent les estomacs, gonflent le ventre, délayent les aliments, s'opposent à leur élaboration par les sucs digestifs et rendent même les vaches malades.

Il serait à désirer que les vaches eussent l'eau à discrétion, elles n'en prendraient jamais en excès ; il faudrait du moins les faire boire trois fois par jour. Malheureusement ces conditions sont difficiles à remplir, et trop souvent on n'abreuve les vaches que le matin et le soir. C'est insuffisant, mais les inconvénients de cette pratique peuvent être diminués par l'usage du vert, des betteraves, du son frisé, des aliments cuits ou de tout autre nourriture aqueuse.

Il faut, dans tous les cas, observer une grande régularité dans la distribution des boissons. Si une vache ne boit pas à un repas, il ne faut pas, à cause de cela, la laisser boire davantage au repas suivant. C'est dans des cas semblables que des excès de liquide introduits dans les organes digestifs ont le grave inconvénient d'incommoder les vaches, de diminuer la sécrétion du lait et même de produire des indigestions mortelles.

TABLE.

BIBLIOTHÈQUE PUBLIQUE
BÉLIARD)

Pl. 1.
f. 1.
Lith. Goldschmidt Fres Pas. du Caire, 99.

Pl. II.

2.

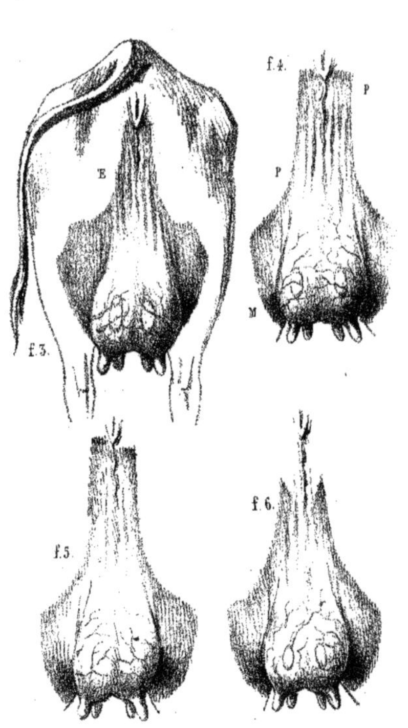
f.3.
E
f.4.
P
P
M
f.5.
f.6.

Pl. IV.

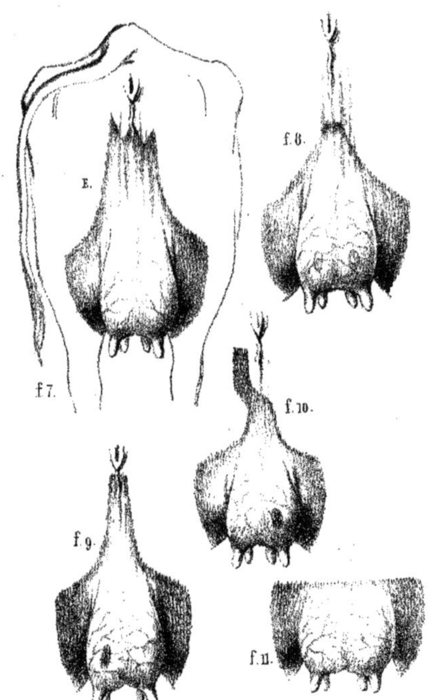

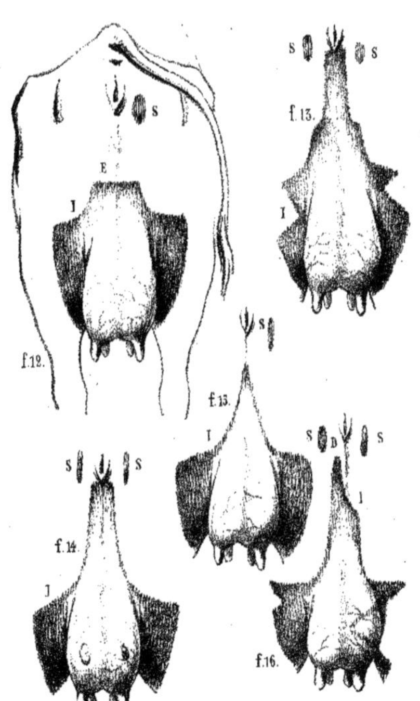
S
S
S
f. 13.
I
S
E
I
f. 12.
S
f. 15.
I
S
D
S
I
S
S
f. 14.
I
f. 16.

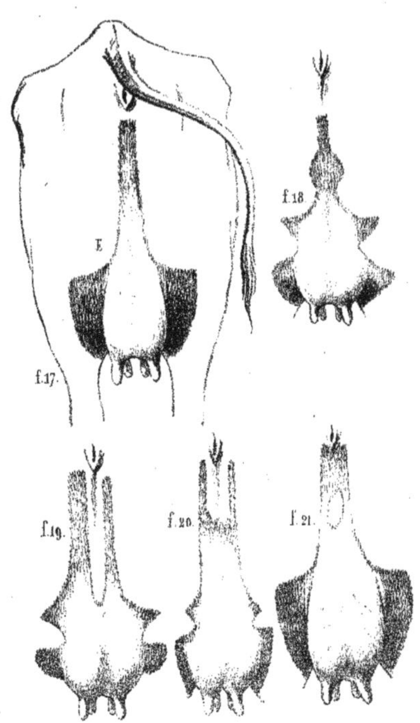
E
f.17.
f.18
f.19.
f.20.
f.21.

Pl. VII.

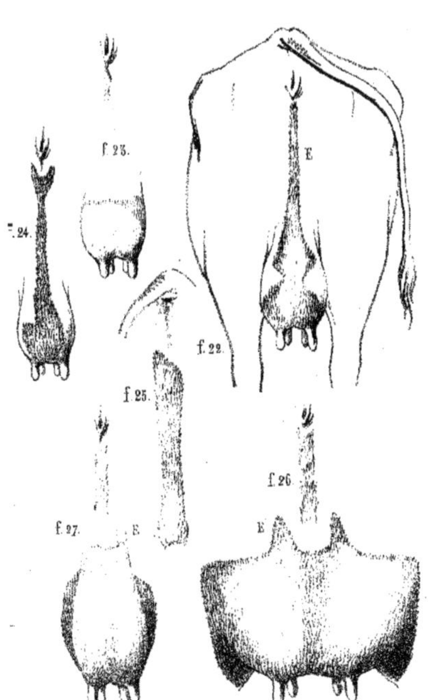

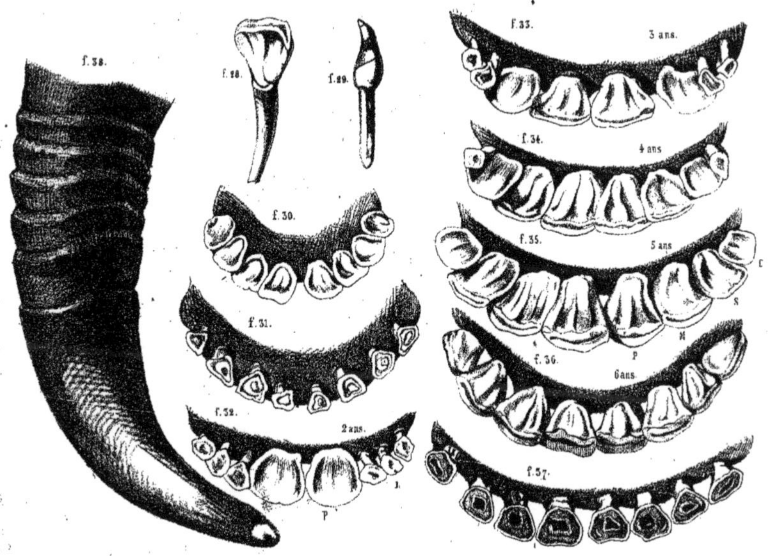
Pl. VIII.
f. 38.
f. 28.
f. 29.
f. 30.
f. 31.
f. 32.
2 ans.
P
f. 33.
3 ans.
f. 34.
4 ans
f. 35.
5 ans
C
S
M
P
f. 36.
6ans.
f. 37.

EXTRAIT DU CATALOGUE DE LA LIBRAIRIE AGRICOLE

AGRICULTURE (Cours d'), par DE GASPARIN, cinq vol. in-8 et 253 gravures.
AMENDEMENTS (Traité des), par PUVIS, 1 vol. in-12 de 750 pages.
BON JARDINIER (Le), almanach pour 1857, par MM. POITEAU, VILMORIN, NAUDIN, NEUMANN, PÉPIN, 1 vol. in-12 de 1,644 pages.
CACTÉES (Monographie et culture des), par LABOURET, 1 vol. in-12 de 752 p. [illegible]
CAMÉLIA (Monographie et culture du), par BERLÈSE, 1 vol. in-8 et 7 planches.
CAMÉLIAS LES PLUS BEAUX (Iconographie des), par l'abbé BERLÈSE, 150 livraisons in-folio avec 300 magnifiques gravures coloriées.
CHIMIE AGRICOLE, par le docteur SACC, 2ᵉ édit., 1 vol. in-12 de 480 pages.
CONSTRUCTIONS RURALES, par DUVINAGE, 2ᵉ édit., 472 pages, 181 gravures.
DICTIONNAIRE D'AGRICULTURE PRATIQUE, par JOIGNEAUX, 2 v. gr. [illegible]
DRAINAGE DES TERRES ARABLES, par BARRAL, 3 v. in-12, 500 g. [illegible]
DRAINAGE (Traité du), par LECLERC, 1 vol. in-12 de 384 pages et [illegible]
FLORE DES JARDINS ET DES CHAMPS, par LEMAOUST et DECAISNE, [illegible]
HORTICULTURE (Encyclopédie d'), 2ᵉ édition, 1 vol. in-4 de 500 pages, 500 gravures (forme le tome V de la *Maison rustique*).
HORTICULTURE, par LINDLEY, 1 vol. grand in-8 de 450 pages et 37 gravures.
IRRIGATEUR (Manuel de l'), et *Code*, par VILLEROY, 384 pages in-8 et 121 gr. [illegible]
IRRIGATION DES PRAIRIES, par KEELHOFF, 1 vol. texte et 1 vol. atlas.
JOURNAL D'AGRICULTURE PRATIQUE, sous la direction de M. BARRAL, par DE GASPARIN, BOUSSINGAULT, BORIE, LAVERGNE, VILLEROY, VILMORIN, etc. Un nᵒ de 48 à 64 pages in-4 avec nombreuses gravures, les 5 et 20 du mois. Un an. 16
MAISON RUSTIQUE DU 19ᵉ SIÈCLE, cinq vol. in-4 et 2,500 gravures. 39 50
MAISON RUSTIQUE DES DAMES, par Mᵐᵉ MILLET, 2 vol., 230 gravures.
MANUEL GÉNÉRAL DES PLANTES, ARBRES ET ARBUSTES. Description, culture de 25,000 plantes indigènes ou de serre, 4 vol. in-8 à 2 col. 36
REVUE HORTICOLE, par MM. BORIE, DU BREUIL, LECOQ, MARTINS, VILMORIN, etc., paraît le 1ᵉʳ et le 16 du mois, avec nombreuses gravures. Un an (franco).
ROSES (Choix des plus belles), un beau vol. in-folio et 90 planches coloriées.
VERS A SOIE (L'Éducateur de), par ROBINET, 1 vol. in-8 et 51 gravures.

BIBLIOTHÈQUE DU CULTIVATEUR, publiée avec le concours du Ministre de l'Agriculture.

EN VENTE : 15 VOLUMES IN-12, A 1 FR. 25 LE VOLUME, SAVOIR :

Travaux des champs, par BORIE, 230 pages et 130 gravures.
Fermage (estimation, plans d'améliorations), bail, par GASPARIN, 3ᵉ éd. 384 pag.
Métayage (contrats, effets, améliorations), par GASPARIN, 2ᵉ édition, 166 pages.
L'Éleveur de Bêtes à cornes, par VILLEROY, 2ᵉ édit., 438 pages et 60 gravures. 1 25
Choix des Vaches laitières, par MAGNE, 2ᵉ édit., 120 pages et 8 planches.
Animaux domestiques (zootechnie, hygiène, etc.), par LEFOUR, 180 p. et 55 gr.
Animaux domestiques (entretien, élevage, etc.), par LEFOUR, 220 p. et 89 gr.
Basse-cour et Lapins, par Mᵐᵉ MILLET-ROBINET, 3ᵉ édit., 180 pages et 11 grav.
Animaux utiles (domestication, par GEOFFROY ST-HILAIRE, 216 pag., 23 grav.
Sel et engrais, par LEFOUR, inspecteur de l'agriculture, 204 pages et 36 grav.
Noir animal, par ROBIÈRE, 156 pages et 7 gravures.
Géométrie agricole (dessin linéaire), métrage, par LEFOUR, 216 pages 160 grav.
Arithmétique et Comptabilité agricoles, par LEFOUR, 224 pages et 12 gr.
Économie domestique, par Mᵐᵉ MILLET-ROBINET, 254 pages et 21 gravures.
Conservation des fruits, par Mᵐᵉ MILLET-ROBINET, 144 pages.
Houblon, par ERATH, traduit de l'allemand par NICKLÈS, 127 pages et 22 grav.
Le Jardin du Cultivateur, par NAUDIN, 187 pages et 34 gravures.

TOTAL DES 17 VOLUMES. 21 [illegible]

BIBLIOTHÈQUE DU JARDINIER, publiée avec le concours du Ministre de l'Agriculture.

EN VENTE : 11 VOLUMES IN-12 A 1 FR. 25 LE VOLUME, SAVOIR :

Arbres fruitiers (taille et mise à fruit), par PUVIS, 2ᵉ édit., 220 pages.
Arbres fruitiers (maladies et guérison), par RUBENS, 132 pages.
Greffe, par NOISETTE, 2ᵉ édition, 238 pages et 6 planches.
Pépinières, par CARRIÈRE, 144 pages et 16 gravures.
Asperge (culture naturelle et artificielle), par LOISEL, 2ᵉ édit., 108 pages et 6 gr. [illegible]
Melon (culture sous cloche, sur butte et sur couche, par LOISEL, 3ᵉ édit., 112 p. [illegible]
Plantes potagères (culture ordinaire et forcée), par VICTOR PAQUET, 402 pages.
Dahlias, par PÉPIN, 2ᵉ édit., 156 pages et 36 gravures...
Œillet, par le baron DE PONSORT, 2ᵉ édition, 196 pages et 1 planche.
Pelargonium [illegible]
Plantes bul[illegible]
Chimie et P[illegible] gravures.

[illegible] VOLUMES. 15

[illegible] TE, 1.

www.ingramcontent.com/pod-product-compliance
Ingram Content Group UK Ltd.
Pitfield, Milton Keynes, MK11 3LW, UK
UKHW020341230726
13925UKWH00003B/909

9 782013 566537